RAUS AUS DER FRAUENBOX

生而悦己

如何拥有一个你说了算的人生

[德] 雅娜·鲁道夫——著
李 兴——译

中国妇女出版社

著作权合同登记号　图字：01-2024-5974

图书在版编目（CIP）数据

生而悦己 ：如何拥有一个你说了算的人生 / (德)
雅娜·鲁道夫著 ；李兴译. -- 北京 ：中国妇女出版社，
2024. 12 (2025.7重印). -- ISBN 978-7-5127-2424-2

Ⅰ. B821-49

中国国家版本馆CIP数据核字第2024HN7759号

责任编辑：张凌云
封面设计：季晨设计工作室
责任印制：李志国

出版发行：中国妇女出版社
地　　址：北京市东城区史家胡同甲24号　　邮政编码：100010
电　　话：（010）65133160（发行部）　　65133161（邮购）
网　　址：www.womenbooks.cn
邮　　箱：zgfncbs@womenbooks.cn
法律顾问：北京市道可特律师事务所
经　　销：各地新华书店
印　　刷：小森印刷（北京）有限公司

开　　本：165mm×235mm　1/16
印　　张：13
字　　数：183千字
版　　次：2024年12月第1版　　2025年7月第5次印刷
定　　价：59.80元

推荐序

悦己才能更好地悦人

只有自信而幸福的母亲才能培养出人格健康的孩子。这句话是我读德国心理治疗师雅娜《生而悦己》一书最深切的感悟。当然，雅娜这本书主要是分析现代女性的理性成长，并非都是谈如何做母亲，但我认为做理性的女人与做理性的母亲在本质上是相通的，都需要学会爱自己，学会爱自己才会爱别人。或者说，学会爱自己才有能量有智慧去爱别人，包括爱孩子。这或许就是《生而悦己》之本意。

我做过50多年的儿童教育，经常面对陷入家庭教育困境的母亲的求助。我发现，这些充满忧虑的女性往往不是困惑于单纯的教育问题，而是恐慌于社会上的激烈竞争，哀叹自己终日劳累而身心疲惫，抱怨丈夫的漠不关心或者做法与自己背道而驰，等等。她们深受诸多自卑、无助、烦恼缠身的不良情绪影响。显然，当自身的负面情绪无法排解，她们难以从容应对生活与教育的难题，自然也难以做一位好母亲。当读到《生而悦己》的时候，我不由想起那些渴望求助的女性，我想该书可能是给予她们雪中送炭般的礼物，如果理解和实践得当，或许能够由烦恼人生转变为幸福人生。所以，我向中国妇女出版社推荐了这本译作，并感谢出版社的精心编辑和出版。

据译者李兴介绍，《生而悦己》的书名原名直译为“走出女性框框”，意思是走出女性刻板印象的束缚，或者说扔掉那些羁绊自我成长的思想和事物。现书名定为《生而悦己》，译者认为，悦己才能更好地悦人，因为人是关系物种，悦人是人生的需求之一。

那么，雅娜在《生而悦己》有哪些重要的观点和建议呢？她从自己谈起：“因为我不仅仅是一位妈妈，我还是雅娜——一位有着自身需要的女性。同时我也有自己的梦想，有交心的朋友。我还是一位职业女性，在做妈妈的同时还有自己的职业追求。”应该如何理解妈妈的定位呢？她写道：“每一位妈妈，每一位女性，都有自己的独特见解。这种多样性是美好的，明确展示了每个人的无限可能。但实现这一切都需要一个前提，那就是你自己的人生愿景。”“请明确你对妈妈这个角色的个人定义，既不要将自己与其他妈妈进行比较，也不要让这个身份限制你。妈妈这个角色，只是你人生的一部分。”悦己是雅娜的核心观点之一，她如何理解悦己呢？她说：“爱自己，意味着我如何看待自己作为一位女性，我是否珍视自己的存在、自己的行为以及自己的能力和价值，是否能够做到无条件地自爱，不受外界评判和声音的影响。当我清晰地认知并践行自己的价值观时，真正的爱自己便油然而生。”与德国的教育传统一致，雅娜特别重视价值观的作用。她说：“父母是第一任价值观导师，而老师、培训师、朋友等也在价值体系中留下了深刻的烙印。”“价值观的可贵之处在于，它能够赋予我们稳定性，并积极支撑我们的人生道路。”

简而言之，雅娜的核心观点就是爱自己就要认清自己的独特价值和内心需要，做出适合自己并且喜欢的人生选择，不攀比也不抱怨，该放弃则放弃，该坚持则坚持，并且用正确的价值观引领孩子健康成长。以雅娜自己为例，她曾经与孩子一同起床，为丈夫和孩子准备早餐等等，结果总是一个忙乱的早晨。后来她总是比孩子早一个小时起床做准备，一切变得井然有序，还可以与丈夫享受每天第一杯清香的咖啡。每天早起虽然辛苦了一些，她却感受到生活的美好，也体验到自己的价值。毫无疑问，父母是孩子最重要也是最直接的榜样，而父母只有活得更精彩更幸福才能给孩子更积极更美好的影响。

几年前，我与李兴因为她译的一本德国家庭教育教材而结识，那本教材的主题给我留下深刻的印象，即“强大的父母强大的子女”。从某种意义上可以说，这是德国强大的重要基础。后来，我写了长篇文章《新时代需要强大的父母》，在《人民政协报》发表。新时代的中国青少年已经发出“强国有我”的呐喊，他们可谓“强国一代”。可是，如果没有强大的父母，怎么培育强大的子女？因此，我一直在探索如何激励和支持广大的父母成为强大的父母，包括积极倡导家庭教育回归与创造美好生活，因为家庭教育是生活教育。家庭教育促进法要求父母们承担起家庭教育的主体责任，实际上，能够承担起家庭教育主体责任的父母就是强大的父母。我之所以特别推荐《生而悦己》，是因为该书开启了强大母亲的成长之路，对于广大妈妈的成长具有教科书般的重要价值。

是为序。

孙云晓

中国青少年研究中心二级研究员、家庭教育首席专家，中国家庭教育学会副会长（主要著作有《教育的魅力在生活》《孩子需要理性爱》《良好习惯缔造健康人格》等。）

推荐序

破局，冲出困境——先悦己

李老师邀请我写序的时候，我正在初秋的北京参加中德系统家庭督导师培训。那个时候，我放下工作和家庭，全心全意和自己待在一起，除了上课学习知识，就是在酒店附近的公园散步，和自然融合在一起。李老师的邀请我欣然接受，因为此时的我身心愉悦，写个序并不难。

一周沉浸式的学习与休憩之后返回到工作岗位和家庭之中，积累的工作一下子扑面而来，门诊病房大量的患者以及各种会议、材料报表等让我每一天都负荷满满，充好电的身心很快被消耗。同时，返回家后，两个孩子生活学习的事情也从爱人手中转到我这边，他也需要全身心投入到一个新的项目中。此时看起来，写序这个并不难的事情对我来说就变得难起来，每一天忙完只想赶紧躺下，保证睡好，以迎接第二天。

睡好是我保持健康状态的一道防线，从某种程度上来说，我先要自己有个好的状态，才能应对工作和家庭的各样挑战。这个领悟，本书做了很好的诠释，面对多重角色，做到自我悦纳自我照料是制胜法宝。确实，我大量的临床患者在自我悦纳和照料上出现了困难，尤其是女性。

因为博士课题在女子监狱完成，和3000多名女性服刑人员有过深度的交谈，这一宝贵的经历让我对女性的心理健康问题特别关注，所以毕业后就选择了在女性精神病房工作。来女性精神病房住院的患者大多都很严重，有精神分裂症患者、双相情感障碍患者以及自杀倾向特别严重的抑郁症患者。我们给予系统的治疗，当她们疾病略有好转的时候，无一例外，都特别着急出院，出院的理由是放心不下孩子老人，想早点回家照顾他们；职场里的患者放心不下工作，担心住院期间其他同事承担了自己那一份的工作量，也担心住院时间长了被单位知道会不会被裁员。所有的担心里面都没有对自己的照顾。此时工作人员都会反复叮嘱患者要定期门诊随访、按时吃药、好好吃饭、保证睡眠、适当运动这些基础又被患者自我忽视的重要事项。所以，没有自己只有其他角色的生存模式让不少患者会再次住院，因为她们出院后会很快投入繁重的家务劳动以及职场中，睡眠饮食运动都抛到了脑后，药物也是有一顿没一顿。那些症状相对轻的女性患者多数也是如此，厌食症的患者特别在意体重，担心体重增加不被社会悦纳，焦虑成绩的女学生担心父母对自己失望，强迫清洁的女性担心家里不够干净不能让丈夫归家如宾馆，身体各样不适的年长女性担心自己成为孩子的负担……

此时，我多想她们能够看到自己的需求，也许她们能有机会看到这样的一本科普书籍，再一次告诉她们生而悦己为什么对女性的身心健康这么重要。女性不但是半边天，女性更孕育着并养育着伟大生命。当生命的容器完整坚韧的时候，她才能稳稳承载一切。

朱晓敏

精神医学博士、主任医师

译者序

抉择与坚信——生命之旅的馈赠

那些未能击垮我的，终将使我更强大。

——〔德〕尼采

26 岁风华正茂，我迎来了事业的巅峰。在香港回归前，作为政府引进的内地专才，我有幸在香港工作，薪资跃升为之前在深圳的 20 余倍。正当我即将被任命为内地分公司经理时，我先生获得了前往德国深造博士学位的宝贵机会，预计至少 5 年。面对漫长的异国分离，我们的这份感情能坚定不移吗？事业与婚姻的天平在我们心中摇摆不定。每一次衡量都伴随着深思熟虑。最终，我倾听到了内心最深处的呼唤，那声音虽微弱却坚定，它告诉我：相较于各自事业辉煌却可能错过的陪伴，我更渴望一个幸福美满的家庭。于是，在同龄人纷纷投身事业洪流之时，我选择了逆流而上，追随心灵的指引，踏上了前往德国的旅程。

四十而不惑，命运再次向我抛出了一道选择题。在国外生活十余载后，我们决定带着两个孩子，跟随公司回国创业，同时希望孩子们能亲近中国文化，陪伴年迈的老人。然而，孩子们却因环境巨变、语言障碍及青春期前期情绪波动，陷入了种种不适应与反抗。一次从国外出差归来后，我与大儿子的冲突达到了顶点。看着他失去学习欲望，满身满脑子对抗，我感受到了前所未有的无力与绝望。在那一刻，内心的声音再次响起，它告诉我：孩子的成长刻不容缓，必须做出改变。于是，我毅然决然地递交了辞职信，放弃了再次在职场上驰骋的梦想，转而选择了一份轻松自在的工作，将重心放在了陪伴与引导孩子的成长上。

48岁知天命。当一份理想的工作机会摆在我面前时，我却主动选择了放弃。那时，我正致力于家庭教育的转型，远赴德国汉堡参加培训。在回国的航班上，我恰巧坐在了一位公司董事长的身旁，他刚刚收购了一家德国上市公司，正在寻觅一位具备跨国文化背景、德语流利且拥有国际贸易经验的人才。那一刻，我心头一动，这职位仿佛为我量身打造。然而，内心的声音却质问我：这真的是你所追求的吗？我恍然大悟，我的目标已然改变，我追求的不仅仅是一份谋生的工作，更在于人生的意义与社会价值，我渴望能够帮助那些在养育道路上遇到困境的家庭。这次的选择，让我更加明确了自己的天命与职责，也体悟到，什么叫作“过往皆为序章”，之前的一切都在为我的天命职责做铺垫。

50岁生日之际，我深切感受到了生命对我的慷慨赐予。我的两位学生兼好友，也是德企外派驻中国的高管太太，为我精心筹备了一场盛大的生日宴会，邀请了来自几个国家的50余位朋友参加。在国外求学的两个孩子发来视频，送上感恩与祝福。我先生也在众人面前再次向我深情表白。那一刻，我的前半生画上了一个美好而圆满的句号。所有的付出，在这一刻都化为了无尽的值得。

回望过去，我深刻体会到，在养育孩子最为忙碌的20年中，女性厘清各个主要角色关系的重要性。我们应紧握人生的主动权，根据当前实际生活情况灵活扮演好各个角色，在必要的情况下，扔掉那些羁绊我们的角色包袱，摆脱那些别人眼中的刻板印象。无论是以家庭为重，还是事业优先，这都是女性自主的选择。关键在于我们能保持对自己的忠诚，从心出发，持续成长。那么，在人生的十字路口上，如何才能做出自己满意的选择呢？如何能坚信自己拥有过好这一生的能力呢？本书作者为我们提供了具体的步骤和方法。

与雅娜的邂逅仿佛冥冥之中注定。她随先生来到中国的第一个月，我们便在一次国际友人的聚会上相遇。我们对彼此所从事的事业充满兴趣，随着了解的深入，我们决定携手合作。在雅娜将她博客中的内容整理成书出版的过程中，我们也将这些内容在本地进行了沙龙分享，获得了热烈的反响，为她提供了不少灵感。因此，书中的部分素材也源自雅娜在苏州生活期间的思想碰撞。这本书不仅仅是她个人经验的总结，更是她结合在德国期间接受的心理治疗培训而精心撰写的一部疗愈成长作品。

我发现自己在过往的每个关键时刻，都不自觉地运用了她在书中所提到的方法，从而走过了满意的前半生。这也是我执意想将这本书翻译并推荐给国内读者的主要原因。

雅娜同样是她理念的忠实践行者，不断拥抱生命的赐予。在中国生活的7年里，她和家人遍游了国内的每一个省市和地区。她对新鲜事物保持着开放和好奇的态度，在40岁出版两部著作后，又毅然从零开始学习画画，两年内创作了上百幅作品。

雅娜和我都在异国他乡生活过多年，为子女和家庭做出了阶段性的选择。但我们从未放弃过持续自我成长。我们接纳生命的赐予，主动构建着自己满意的人生。希望手捧这本书的你也能勇敢地突破限制，运用书中的步骤方法，量身打造属于你自己的生命之旅。

译者　李　兴

2024年9月于美丽的苏州

前言

我热爱写作。自孩提时代起，我就喜欢将自己的所思所想付诸笔端。那时，没有电脑，我便用最传统的方式——笔和纸，来记录内心的声音。夜晚，睡前，我常常裹在温暖的毯子里，捕捉脑海中的灵感，编织故事，创作诗歌。我曾写下对未来的憧憬，也倾诉过从学校带回的种种烦恼。后来的某一天，我听到了一个令人沮丧的说法——写文章赚不到钱。再说，这个世界上已经有了那么多的书籍，谁还愿意阅读我的文章呢?

那时我年少无知，懵懵懂懂，听到什么就信什么。除了私密日记，我几乎放下了所有的纸笔。日记里更多的是秘密，而且只写给我自己看。

随着时间的流逝，写故事的欲望在一点点消退。在成长的道路上，我们逐渐放弃那些曾带给我们快乐的事物，这其实很正常。我们会抑制那些纯真的冲动，将它们深藏在心底。但值得庆幸的是，写日记的习惯我从未放弃。特别是在遇到困境时，写日记帮助我厘清思绪，让我在纷扰中获得清晰感。

在随后的岁月里，虽然心中的故事依旧在，但我没有将它们书写到纸上。我既未记录，也未曾以任何方式与他人分享。它们就这样默默地在心底流淌。

2015 年，当我踏入自然疗法心理治疗从业者的培训时，那个埋藏于内心深处的写作愿望再次萌发。起初，轻柔而稚嫩；随后大声中夹带着加速的心跳。我一定要再试一试——写作！为了我自己，也为了与我有着相似经历的人。然而，如何开启写作之旅呢？在科技时代还用笔和纸来记录吗？最终，我决定开设一个名为“走出女性盒子”的博客账号。起初，胆战心惊；接着，全速直行。博客文章涉及我关心的各种话题，包括欣赏、沟通、需要以及价值观等。同时，我坚信，我的文字能够为这个互联网世界注入更多的积极能量。毕竟，我的每一篇文章，都是希望能够为读者的日常生活带来一丝温暖和帮助。

此刻，你手中所捧的这本书，正是我博客中的精华帖子汇编而成。它们是：

一碟开胃小菜。旨在激发你思考，勇于尝试。

一盘饭后茶点。你可以在没有太多时间和耐心的情况下，小口小口地品阅其中的内容。

一份爽口沙拉。你不必严格按照目录阅读。

每一篇文章都是独立的，同时，又构成了一个全面的整体。阅读这本书的方式多种多样。

你可以从头读到尾，也可以从后往前看，甚至可以从中间开始，向左或向右翻阅。

最重要的是，希望你能在阅读这本书的过程中享受其中，并从中获得灵感。打破你独有的心理盒子，按照自己的想法去塑造你的梦想。

最后，我衷心地希望，你的阅读之旅充满乐趣与收获，并在此向你送上灿烂的问候。

雅娜·鲁道夫

目录

第1章 思维如何影响了你

第 2 章

这些迹象意味着你需要改变

第 3 章

开始你的解决策略

第 4 章

妈妈的角色——一个角色两个侧面

第 1 章

思维如何影响了你

✦ 从时间线能看到什么 ✦

✦ 审视自己的角色 ✦

✦ 洞察角色的冲突 ✦

看到数字的魔法：33215

在我还是个小女孩时，曾经想象过自己老去的模样。那时，觉得30岁是一个遥不可及的年龄，过了这个界限，人就算是老了。然而，如果有一天，我也跨过了30岁的门槛，这会是怎样的一个人呢？人生会取得哪些成就呢？我会过上怎样的生活？是否走进了婚姻的殿堂？是否会有几个孩子，以及一栋属于自己的小屋？我会从事什么工作？我又会如何打发闲暇时光呢？

10岁那年，我明确了梦想：立志要成为一名享誉文坛的作家，盼望着能收到无数粉丝的热情来信。我会结婚，养育两个孩子，居住在一座带有花园的宽敞别墅里。我渴望踏上环游世界的旅程，能够与各式各样的人进行深入的交流。至于如何实现这一切，我不知道，但坚信，总会找到办法的。

16岁那年，我已明晰了未来的蓝图：深知自己的人生路将与他人截然不同。我会结婚，孕育两个可爱的孩子，拥有一座宽敞舒适的大房子，还有一份稳定、体面的工作。这份工作将是我终生的职业，也是实现经济自由和享受年假的保障。我甚至有朝一日能精通一门外语。我立志要成为一名杰出的律师或者法官，确保正义得到伸张。

30岁时我的状况：结束了一段婚姻，有一个孩子。我住在一套离父母不远的两室小公寓里，从事兼职工作。我接受过餐饮专业培训，那里当时正在为青少年提供服务。我帮他们补习功课，为他们将来找到学徒工作而铺平道路。我从来没有尝过休年假的滋味。在我的世界里，仅到过欧洲的四个国家。我还未能流利地说出一门外语。

这么多年过去了，我发现当初的梦想已所剩无几。一方面是生活的重压与现实的阻碍，另一方面我失去了生活的焦点。在所有的经历中，我不再倾听内心真正的需要，而是沦为了日复一日的“功能性运转”。这种生存模式，固然保障了自己能活下来，却也与内心深处渴望的生活渐行渐远。快 30 岁的我，感觉自己仿佛被遥控着前行。我梦想着有一天能够挣脱这束缚，重拾那些被岁月掩埋的梦想。

我决定在 30 岁生日那天，人生必须有所不同。当时的境况让我疲于应对，倍感压力。我还没能划掉愿望清单上的任何一项。于是，我开始与自己内心的想法深度纠缠对话，试图厘清在生活里——有限的生命里——究竟渴望实现什么样的目标。那是融入日常生活中一次次小步向前的改变。起初，我甚至难以在感恩日记中写下三件值得感激的事情；为了保持头脑的清晰，睡个安稳的好觉，我参与了每周一次的运动课程。直到有一天，这些微小的改变终于汇聚成了显著的价值回报。

33215——这一串数字，有关我的数字。生命是数量化概念组成的。我坚定地相信能活到 91 岁。为何如此执着？因为我有一个深切的愿望，那就是与先生一起，携手共度钻石婚纪念日。那是一个巨大的数字，如果我们有幸到达那一天，而且仍然拥有庆祝的精力和心情。

91 岁，听起来很老很漫长。回望过去，91 年几乎贯穿了一个世纪，它让人有一种时间仿佛永无止境的错觉。然而，当我将这个庞大的数字转换为天数——大约 33215 天，一组数字，并非无穷无尽。一个数量，每一天都在悄悄减少。而现在，我剩下的时间大约还有 18000 天。意识到时间已经过半，且逝去的时光再也无法挽回，心中不免涌起一丝沮丧。

同时，这个数字也赋予了我前行的力量。这个数字激励我，要认真对待自己的需要，并努力去实现它们。这个数字让每一刻都充满意义。

于是，我做了下面这些事：

- 深度整理和探索了自己的愿望；
- 开始觉察并理解自己真正的需要；
- 每天都在积极地努力，致力于满足这些需要；
- 远离那些曾经给我带来伤害的社会角色；
- 清晰地界定了个人的边界；
- 重新点燃了追逐伟大梦想的激情。

我深刻地意识到：

- 在我生命的每一个瞬间，一切皆有可能；
- 倘若没有勤奋的努力，天赋异禀也难以展现光芒；
- 我就是我，独一无二，不应被外界赋予的社会角色所定义。

那么，我为何要与你分享这些体悟呢？

因为我结识了众多处境相似的女性。她们曾经怀揣着宏伟的梦想，此时正满怀期待地盼望着去下一个度假胜地休假。在某些女性身上，蕴藏着惊人的潜能，这种力量若不被好好发掘利用，实在是一种难以言喻的遗憾。有一些女性，她们尚未意识到自己所拥有的丰富资源和无限可能。还有一些女性，她们在期待未来的某种转变，却对眼前的道路感到迷茫，不知道该怎么走下去。

很可惜，她们仅仅把握了人生极少一部分机会，便悲伤地结束了人生旅程。我也曾站在那样的边缘，若非身边有那些不断支持和鼓励的人，我恐怕也会变成那样的女人。

今天的我，已经结婚，是两个孩子的母亲，居住在美丽的中国苏州。不仅开始了环游世界的旅程，还掌握了一门外语。我专注于“欣赏、沟通和团体”等主题的研究与探讨，尤其关注女性及其潜能的拓展。围绕这些话题，我在博客和报纸上分享我的见解。我举办过以“走出女性盒子”为主题的研讨会。既有线下，也有线上；既包括德国社团，也面向国际社区。激情在于让世界变得更富有欣赏力，助力每个人都能成为自己想成为的人。

因为我曾深陷困境，体验过那种束缚与不安，就像被困在一个充满各种机遇的房间里，却不知如何踏出第一步。然而，一旦勇敢地迈出那一步，便会发现这有多爽。正是这些深刻的亲身经历，催生了这本书的诞生，它标志着一个全新篇章的开始。

我怀揣着一个愿景：希望世界上的每一位女性，都能让自己的生活绽放出尽可能多的色彩。希望她们能够充分利用自己的潜力和机会，用一把大汤勺，深深地舀出自己的无限可能。这样，当生命走向尽头时，我们可以回首那些充满爱与满足感的岁月，发自内心地说出：“这真是一场奇妙的旅程。谢谢你们，再见。我期待着重返这个世界，如此精彩的人生，我渴望至少再体验一次。”

这是我们想要的完美生活吗

克拉拉的生活看似无忧无虑，岁月静好。她三四十岁的年纪，与丈夫贝恩德结婚 10 年，她是两个孩子的妈妈。女儿 8 岁，儿子 6 岁，两个宝贝都已上学。幸运的是，他们就读于同一所学校，这让克拉拉省了不少心。

在繁华都市郊区的一个小镇上，克拉拉和家人居住在一座被大自然环抱的小别墅里。虽然位置稍显偏远，但周围有友好的邻居相伴。

身兼家庭主妇与职场女性双重角色的克拉拉，每周都会在附近城镇的一家市政公司工作 30 个小时。对她而言，如今的生活正是她梦寐以求的：一个温馨的小家庭，一个被自然环抱的舒适居所，以及一份稳定可靠的收入。

然而，在某些宁静的时刻，当生活的喧嚣暂时平息，当她没有忙于组织什么活动，也不是急急忙忙从 A 赶往 B 的路上时，克拉拉的内心深处会涌起一种莫名的感触。她隐隐觉得，这样的生活，或许并不是她生活的全部。

克拉拉的工作日程从周一到周五，每天都安排得有条不紊。她认为，如果缺乏这份明晰的计划，生活恐怕将陷入一片混乱之中。

每个工作日的清晨6点，克拉拉便准时起床。在浴室简单地梳洗之后，她便直奔厨房，开始忙碌地准备早餐。她布置餐桌，打开咖啡机，为自己烹煮一天中的第一杯咖啡。在这香浓的咖啡香气中，为孩子们准备面包。

大约早上6点半，她先生洗漱完毕，穿戴整齐地走进厨房。他顺手拿起一个羊角面包，将自己的车载咖啡杯斟满咖啡，然后在克拉拉的额头上轻轻亲吻一下，便匆匆离去，消失在一天忙碌的工作中。

尽管这样的离别已经成为日常，克拉拉仍然坚持每天为先生准备餐盘，心中总存着一丝期待，也许某一天，他能留下来，与她一同享受早餐时光。

早上6点45分，克拉拉叫醒孩子们。从这一刻起，每一项任务都必须迅速地完成。值得庆幸的是，克拉拉总是在前一天晚上就为孩子们准备好了衣物。因此，孩子们会直接跑到厨房，吃完抹好果酱的面包，然后上楼去卫生间刷牙，接着穿好外套、背起书包，这一切都必须在7点30分之前完成。

当孩子们享用早餐时，克拉拉便上楼去为即将到来的一天做准备。她的生活准则是“快速、实用”。因此，她的衣橱里总是挂满了简洁大方的裤子（牛仔裤）和上衣。

每当她再次回到厨房时，眼前往往是杯盘狼藉。由于无法容忍任何脏乱，所以她会迅速动手收拾妥当，确保下午回家时面对的是干净整洁的空间。

随着时钟逐渐接近7点半，家里的忙碌气氛也愈发紧张。一个孩子还沉浸在自由自在的玩耍中，而另一个则焦急地寻找着上课要用的数学课本。不论家中多么混乱，他们最终还是成功地坐上了车，克拉拉开车送孩子们去学校。幸运的是，学校恰好位于克拉拉上班的必经之路上，而且两个孩子就读于同一所学校。

大约8点，克拉拉终于坐在办公桌前，开始了一天的工作。此刻，是她当天第一次感到疲惫的时候。稍作喘息，轻松地享用了一杯咖啡之后，克拉拉开始工作了。

她喜欢同事们，也热爱所从事的工作。这份工作虽然不是她理想的事业，但稳定的收入，还有良好的工作氛围，让她感到满足。原本克拉拉梦想成为一名设计师，设计出别致漂亮的服饰，并在大型时装秀上以创作者的身份闪耀登场。她从孩童时期就开始学习缝纫，从奶奶那里继承了不少手艺。然而，她中学毕业后，父母出于好意给她在现在工作的这家公司找到了一个培训岗位。数学一直是她的强项，而且她也很擅长与人打交道。那么，她可以在那里做培训生，并有望获得一份长期的工作合同。相比之下，裁缝的收入不高，职业前景也充满不确定性。更重要的是，这份工作让她得以留在父母身边，这让她的母亲倍感欣慰。既然机会唾手可得，又何乐而不为呢？正是基于这些考虑，克拉拉最终接受了这份职业培训，并签下了工作合同。

时至今日，克拉拉已经在这家公司工作了15个年头。她对往来的同事及供应商都非常熟悉，对工作流程了如指掌。她能够游刃有余地完成各项任务，无须过多思考。

偶尔，当老板灵光一闪，希望有人能将他的新构想变成现实时，克拉拉的内心深处便会涌起一阵莫名的骚动。那是一种在胃部萦绕的、跃动的兴奋感，源于她对未知任务的殷切期待。这样的机会让她能够尝试并体验新鲜的事物，还能经常与有趣的人相遇。在项目的进行期间，她得以暂时摆脱日常的工作模式，固有的常规被新颖的挑战所取代。陌生的环境为她带来另类的挑战，而这恰恰是她内心所向往的——不经意间换了一种新的思维方式。可是，一旦项目完成，一切恢复正常，她那份内心的骚动也会消退，随之而来的是一种悄然而至的单调感，这使日常的工作生活显得乏味。

克拉拉不想呻吟，也不想抱怨，只是期盼工作中能多一些激情和火花。

根据劳动合同，她每周工作 30 个小时，这意味着她每天需要工作到下午 3 点。虽然她有权选择在某天加班，然后在另一天提前离开，但这个看似诱人的选择，她最终还是放弃了。因为她觉得这样做既不会耽误任何工作，又能让她更好地平衡工作与家庭生活。

下班铃声一响，她便直接驾车前往学校接孩子。虽然孩子们可以乘坐校车回家，但既然克拉拉就在附近上班，顺便接上他们一起回家，显得既自然又方便。

下午 4 点前，每个人都回到家中。孩子们往往躲进自己的房间稍作休息，而克拉拉则开始了她的“第三班工作”。她要么列出购物清单，要么开车送孩子们去参加运动活动，一周要送三次。或者，她会在家里准备晚餐，处理各种家务琐事。不知不觉中，下午的时光匆匆过去。学校的家庭作业是他们一起完成的，因为总会遇到一些意想不到的问题需要解决。

晚上 6 点开始晚餐。由于丈夫经常工作到很晚或与生意伙伴外出应酬，所以晚餐通常只有克拉拉和孩子三个人。孩子们可以看电视放松，直到晚上 7 点半，而克拉拉则忙着清理杂乱的厨房。之后，她会提前查看第二天的任务要点，确保一切井然有序。

晚上 8 点，孩子们上床睡觉。在这之前，克拉拉会为他们准备好第二天要穿的衣服，并给每个孩子讲述一个睡前故事。

当把孩子们都安顿好后，晚上 8 点左右，克拉拉终于能坐在沙发上了。此刻的她已经疲惫不堪。她时常想，难道这就是她生活的全部吗？孩子、家务以及每年一次的度假。而假期通常是在东海的度假公寓里度过，因为那里性价比高。即便是度假，克拉拉还得负责购物和做饭，这一点往往被家人所忽视。为了不破坏家庭的和谐氛围，也为了显得感恩，克拉拉总是隐藏起自己的顾虑。即使有时候她想哭，也会强忍住泪水，保持一副一切安好的表情。

在过去的几周里，克拉拉的悲伤和阴郁情绪有增无减。上午，她只想一动不动地躺在那里；下午，当孩子们再次发生口角时，她感觉自己几乎要失控，真想大声吼叫。甚至在早晨，当丈夫穿戴整齐地走进厨房时，她也不得不忍住自己，以防那些尖酸刻薄的讽刺脱口而出。的确，丈夫承担了很多工作，让她有更多时间来照顾孩子。但不知为何，她总觉得生活中应该有更多的可能性，她不应该到生命的终点时还只局限于穿着牛仔裤忙里忙外。

随着思绪的深入，她越发能清晰地感受到太阳穴的悸动。那些紧张忙碌的日子，以及随之而来停不下来的思想旋涡，常常让她付出头痛和颈部酸痛的代价。

为了逃避这种现实，她常常打开电视，逃避到另一个明亮的世界中。在沙发上睡着已经成了她的日常，然而当她把自己拖上床时，却常常翻来覆去怎么也睡不着。她已经很久没有睡过一个安稳觉了。

到了周末，她的日程总是被各种拜访和活动安排得满满当当。星期天，他们一家人都有固定的安排：先去看望公公婆婆，在那里吃午饭，然后再前往她的父母家喝咖啡。虽然有时会调整拜访的顺序，但还是会走完整个流程。两位母亲都渴望聆听家人的近况，而她的丈夫则认定，母亲亲手做的菜肴味道最好。每逢星期六，孩子们会参加体育活动，而克拉拉则始终在场。无论是作为观众还是母亲，她总会为所有相关人员精心准备食物和饮料。似乎总有做不完的事情在等着她。

克拉拉经常安慰自己，等到孩子们有一天离开家后，一切都会变得更好。到那时，她可以重新拾起缝纫的爱好，甚至再次踏上环游世界的旅程。

在克拉拉和丈夫的亲密关系中，所有这些也被忽视了。她认为，丈夫对此并不介意，因为他从未抱怨过。因此，她也选择了沉默。毕竟，她不想变成自己母亲那样的人——总是羡慕和嫉妒别人，言辞尖锐。不，她绝不希望自己变成那样。

克拉拉知道，每个人的生命都是有限的。她也意识到，应该珍惜并利用好这段时间，按照自己的意愿去塑造自己的人生。然而，她无法为了自己的梦想而放弃一切。

毕竟，作为母亲和妻子，她觉得自己有责任履行这些角色所赋予的义务。否则，她当初就应该做出不同的决定。就像她父亲常说的那样：“谁煮的汤，谁也要能用勺子舀出来。”

我

我是——
妻子，
母亲，
姐妹，
闺密，
亦是邻居，
博主，
旅行者。

我是雅娜，
活出生命的多彩。
体验富足和品味，
绝非一串数字所能定义。

年龄，
身高，
体重，
发长，
鞋码，
衣服尺寸。

这些数字，有些让我显得娇小。
有些令我显得臃肿不起眼。
我是雅娜，
与昨日不同，
明日将蜕变新生。
我的名字，
承载一生之命。

机会无穷尽，
为了激励自我，
为了鼓舞他人。
向成长迈进，
向成熟前行，
你又是谁？

谁是克拉拉

您是否在克拉拉的故事中看到了自己的影子？

曾经，有一个女人沉浸在远大的梦境中，然而当她醒来，回到现实世界时，那些昔日的梦想已所剩无几了。

据统计，德国女性的平均寿命为84岁。在这段时间里，她们的生活是如何分配的呢？以下是各项活动的平均耗时：

- 睡觉：24年。
- 吃饭：5年。
- 工作：8年。
- 看电视：12年。
- 沟通：12年。
- 乘车：2年零6个月。
- 进修学习：2年。
- 运动：1年零7个月。
- 清洁：1年零4个月。
- 电影院/剧院/音乐会：1年。

- 与孩子们一起玩耍：9 个月。
- 洗衣熨烫：9 个月。
- 上厕所：6 个月。
- 用电脑：4 个月。
- 看病 / 住院：3 个月。

上述这些时间加在一起，我们一生中总共投入 72 年来做事。由于这个数字是一个统计平均值，因此具体到每个人的实际情况可能会有所差异。然而在这个计算中，有一个数字是恒定不变的，那就是剩下的 12 年（此为大约时间）。

这 12 年，不被任何义务或责任所束缚，而是完全属于自己的自由时间。这 12 年，每个人都可以根据自己的选择来充实和安排。

如何度过这 12 个春秋？

静待花开

或许你常听人说，未来总会有好事发生。于是选择了等待——等待着孩子们长大离家；憧憬着伴侣关系会自动变得积极；期盼着理想的工作会找上门，婆婆的紧张情绪得到缓解，身上的赘肉会自然消失；渴望着夏天能更加绚烂，冬天能更加银装素裹。你在等待中找寻一种行动感，执着地守候，却也不禁埋怨生活未能如愿。在等待的岁月里，你观察着周围人的生活，时而流露出羡慕的神情，时而发出嫉妒的评论，与同样在等待中的女性闲聊八卦。你们谈论着，而计划从来没有实现过，人应该珍惜所拥有的才是幸福的真谛。毕竟，生活或许会更糟糕。

沉浸梦境

无论是睁开眼还是闭着眼，你都深深沉醉在自己所向往的生活中。坐在舒适的扶手椅上，轻轻叹息，手捧一杯香浓的咖啡，憧憬地望向窗外的远方。在梦想的世界里，你尽情地遨游，甚至有时会忘记为家人准备晚餐，或者忽略了闺密的来电。做白日梦的美妙之处在于，你每天都能做，无论身处何方，无论与谁同行。随时随地，都能轻易地躲进那个只属于你的平行世界，感受一切的美好。然而，它的弊端也显而易见，梦境终究有醒来的一刻。当现实重新映入眼帘，那些美好的幻象也随之烟消云散。更为可怕的是，我们可能会沉迷于自己构建的平行世界，渐渐脱离现实。

积极行动

别再沉溺于抱怨或空想，是时候担起人生责任了。有整整 12 年的时间，去将那些遥不可及的梦想，变为触手可及的现实。如何实现呢？踏上环游世界的旅程，学习新的爱好，汲取广泛的知识，为生活增添斑斓色彩。过去的生活如何并不重要，重要的是，自己未来的责任只能由自己承担。

挺身而出，勇敢迈出改变的第一步。这样的机会每天都摆在面前。你不需要等待完美的星象组合，也不需要特定的假期。唯一需要的，就是此刻下定决心，然后立即行动。

假如 12 年的时间仍然不足以实现梦想，那么是时候重新审视日常生活了。通过重新组织和调整，甚至做出一些改变，将能够腾出更多的空闲时间，去追求那些能给你带来快乐的事物。为此，不妨向自己提出以下几个问题：

- 哪些任务是我真正想要的，哪些其实并不是我想做的？
- 有哪些职责我可以委托给他人去完成？
- 在什么情况下，我可以寻求他人的帮助和支持？
- 我所承担的义务，是否真正符合我的需求和渴望？
- 如果不符合，我该如何调整或改变这种现状？

12 年，4380 多天，可以完全自由支配。去创造出一个让自己在告别世界时难以割舍的精彩人生。这 4380 多天，有机会做出最美好的选择，在生命期间去追求那些真正对你有意义的事物。

所以，珍惜这 4380 多天和每次机会，去体验并充分发挥全部潜能吧！

生活，从来都不是一帆风顺的，但这恰恰是其魅力所在。而且，人生路上从来没有唯一的选择，也不存在那唯一的“康庄大道”或“某一个黄金机会”。生命的旅程，四面八方都充满了无限的可能与方向。在这里，没有什么是永远失去的，哪怕某个决定曾让你觉得一切都已无法挽回。随时有权利做出全新的选择。

此刻，或许会自问：这该怎么办？我被家庭与责任牢牢捆绑，应该如何摆脱困境呢？

让我用亲身经历来告诉你：总会有解决问题的办法的，为此，无须做出翻天覆地的改变，只需勇敢地迈出那第一步。而这，正是我写下这本书的初衷。那么，让我们开始吧。

从时间线能看到什么

前事不忘，后事之师——一句凝聚着深邃智慧的格言。我们所能改变、改善或重塑的，仅限于能理解范围内的事物。因此，回溯过去，探寻女性角色的演变历程。这份探索，既源于对往日女性生活风貌的好奇，也是为了理解，为什么事情会变成今天这个模样。

过去几个世纪的时间线，绵长而深远，背后蕴藏着海量的历史信息。

在抵达 21 世纪的今天之前，人类社会经历了无数的变迁。每个时代都拥有独特的价值观和对美好生活的构想，蕴藏着属于那个时代的机遇与挑战。每个阶段既有闪光的一面，也伴随着黑暗，每个年代都有自己要面对的主题。每次都与之前的有所不同，也总是为下一个时代奠定着基础。

要想成长，就必须一步一个脚印地前行。成长需要经验的累积和学习的机会，没有什么事物是一蹴而就地发生。成长的过程中，我们不能跳过某些必要的步骤，因为缺失的部分，总会在未来的某个时刻弥补上。这不仅适用于个人的发展，也适用于社会的进步。这就好比建造一座高塔，如果缺少了底层第五排的某块建材，即使工程仍在继续，脚手架依旧支撑，随着塔身的不断升高，那缺失的部分也将愈发显眼。到了某个临界点，修补缺失的砖头将变得至关重要，甚至可能超越继续建造本身。因为只有打下坚实的基础，塔尖才能稳固地屹立在高处。

凝视这条时间线，有众多关于婚姻、爱情、工作、团体以及身为女性的观念与想法。其中，有些观念持久延续，深入骨髓；有些则昙花一现，转瞬即逝；还有一些观念在沉寂之后，又重新浮出水面。

不带评判地审视这一切，试图将自己置身于历史中。对于过去的一切，可以并不理解或喜欢所有的事情。例如，在中世纪，女性被视为商品，而不是具有独立思考和情感的个体，她们必须无条件服从男性。而在纳粹时代，女性被单一地塑造为母性和关怀者的形象，她们的其他可能性和个人声音都被剥夺。从1919年起，德国女性赢得了选举权，而这一权利在沙特阿拉伯直到2015年才得以实现。

女性的角色经历了显著的变迁。人类学家玛格丽特·艾伦伯格（Margaret Ehrenberg）指出，在人类社会的初期阶段，女性享有至高无上的地位。因为她们拥有生育的能力，她们始终清楚，哪些孩子是自己的血脉，因为她们总能寻找到浆果和草药，为整个社群提供食物。女性还承担着生火、饲养牲畜，甚至建造居住棚子的重任。男性则专注于狩猎，这项活动既耗时又费力，而且往往无法保证有收获。随着农业的诞生，所有权观念也应运而生。男性开始更多地留在家园，照顾农耕活动，把土地、种子乃至妇女和儿童看成自己的财产。从那时起，人们对于角色和生活的理解发生了转变。当然，这种变化并非一蹴而就，而是漫长且持久。生活中的一切都是一个不断演变的过程。如果想深入了解这一主题，可以参阅玛格丽特·艾伦伯格所著的《史前时代的女性》这本书。

即使在当今这个时代，仍有一些地区保留着女性主导的社会结构。深入了解这些差异非常重要，因为这些差异还在影响着我们今天的观念和行为。

当我们不假思索地接受父母和祖父母为我们塑造的角色画像时，同样会发生类似的事情。当然，在初始阶段，模仿他们可能是最简单的方式。然而，随着年龄的增长，我们有责任看清楚，哪些事物适合自己，哪些并不适合。诸如“我是否渴望婚姻？我期望的婚姻生活是怎样的？我想在生活中建立何种类型的关系？我的职业生涯将如何发展？我是否想要孩子？”等问题，都是每位女性可以深入思考的，而每个人的答案也是非常个性化的。我们生活在一个充满无限可能的时代，在这个时代，每个人都可能成为她想成为的人。每个人都有机会去探索并塑造自己的生活方式。若白白浪费这样的机会，将是一种极大的遗憾，因为在世界上的有些地方，这样的可能性依然是奢望。

因此，回望过去有助于了解，是什么塑造了女性角色，为何上一代人坚守着与我们不同的价值观，以及为何某些固有的社会结构如此根深蒂固、难以撼动？这绝对不是为过去遭受的苦难找寻借口。女性在历史和现今所遭受的不公和压迫是不可原谅的。然而，一味地陷入悲伤和愤怒中并无益处。相反，应选择另外一条路，去积极地塑造自己的命运。彼此扶持，相互协助，相互学习，共同成长。

清晰感是女性采取行动所不可缺少的。如果一个人不清楚自己究竟想要怎样的生活，也不知道如何去创造这样的生活，那么她可能会发现自己身不由己地扮演着别人为她设定的角色，遵循着别人强加给她的刻板印象。最糟糕的结果是，人生的旅程可能就这样与你擦肩而过，直至某一天戛然而止，你却发现自己从来没有真正体验和享受过那些能带来内心愉悦的事情。

充分发挥自己的潜能，根据自己的价值观和人生设想，来定义自己的角色。学会从过去汲取经验，以此塑造期待的未来。而这本书，将在人生旅途中，助你一臂之力，为你提供一份有力的支持。

审视自己的角色

我钟爱井然的秩序，还有清晰的思路，对巧妙的结构和整体的视角深深地着迷。尤其激励我的，是把这些视为应对策略。无论是在化解纷争时，还是在厘清自我需求时，如同小侦探般，探寻着各种关联与未知变数。我努力使隐匿的关系浮出水面，并敢于率先大声说出来。这一过程对个人成长意义重大，而这些洞见，都是接下来重新整合自我不可缺少的珍宝。

解决问题的起点，亦是本书的起点，即总揽全局的视角。这种方法被称为“系统方法”，它要求我们不仅聚焦于个体，更要关注个体与周围所有人的互动关系和联结。无论是家庭、朋友还是同事，这些具体的身份并不重要。真正关键的是全局观念，每个人都是这个庞大系统中微小的一部分。在这个世界上，没有人是孤立存在的。每个人的命运都与其他人息息相关，共同构成了一个错综复杂的网络。即使有些人和事已经比较久远，有些人在生活中不再活跃了，无论如何，过去和现在都共同影响着当下。万事万物都存在着相互关联，因此，洞察并解开这些纠葛显得至关重要。

如何解开这些纠葛呢？首先，需要清晰地识别出纠葛的根源，勇敢地表达出那些被压抑的感受和愿望。其次，要不断学习。向他人学习，从系统中学习，从过去汲取经验。要学会与生活中的环境与人和谐相处，包括那些已经成为过往、曾经陪伴过我们的环境和人。重要的是，平静地平息过往的伤痛。这并不意味着要对曾经的苦难保持沉默，而是要接受现实，承认过去的已经无法改变。唯有自己才能塑造未来，这需要关注当下，投入此时此刻的生活中。

系统中的角色

系统方法强调在整体背景（即系统）中有意识地觉察个体角色（即你的角色）。在忙碌的日常生活中，往往容易陷入琐碎的事务，而忽视了与周围人和事物的深刻联系。因此，我们常常未能察觉那些对自己有积极影响或潜在益处的关系，甚至不知道它们的存在。以女子合唱团为例，仅从表面看，可能会对她们高声歌唱、舞来舞去的行为感到不悦。然而，如果能更深入地聆听和观察，就可能会捕捉到细微的声音——这些女性用她们独特的生活视角，丰富了我们的日常生活。

由此可见，深入探究和理解所扮演的角色至关重要，值得花时间去仔细思考、观察和感受。

在日常中我们与许多人紧密相连。尽管我们可能并没有时刻意识到这些联系，甚至某些联系在日常生活中并未显现，但这些无形的纽带却始终发挥着作用。同时，我们也融入了各种其他系统之中，可能是职场环境，也可能是体育俱乐部的组织团体，抑或是朋友和邻居的社交网络。自己在不知不觉中成为多种结构的一部分。通常情况下，只有当主动勾勒出这些关系的轮廓并使其清晰可见时，我们才会真正意识到它们的存在。值得一提的是，这种处理方式的一大优势所在正是它能够帮助我们更加清晰地看到生活中的各种情境和人际关系。

那么，我们需要与哪些人相关联呢？哪些关系对自己的成长和发展有益，哪些又可能带来负面影响？哪些人与生活中的特定领域有着紧密的联系？我们可以从哪些人身上汲取经验，接受哪些人的帮助和支持？这些问题，以及更多类似的问题，都可以通过构建一幅关系图来找到答案。

当然，我们会在夜晚与最要好的闺密，来一杯红酒，聊聊生活的点点滴滴。那种无须顾虑、直抒胸臆的畅快，确实能带来短暂的轻松与解脱。然而，这样的倾诉之后，最终真的有什么效果吗？真的会有所改变吗？还是仅仅期待着下次的闺密聚会，再次一吐为快？在那之前，又打算怎么办呢？你或许会用一句“其实情况也没那么糟糕”来淡化自己的感受。

如果我们能够深入探索与自己相关的各个系统，并将它们以图形的方式呈现出来，白纸黑字，那么就能够更清晰地看到自己的问题。说出心里的烦恼，再将它们化为灰烬。与此同时，当面对着自己绘制出来的图形时，你会以一种全新的方式来觉察——大脑在一个更深的层面处理这些信息。当然，可以选择在事后撕掉这些纸条，扔掉这些图形。但是请相信，一旦你看到了自己的真实状态，就再也无法回到之前的无知无觉了。这是一个无法逆转的过程。

从系统思维中获得的 3 项益处

首先，一旦有意识地洞察了系统，你不仅能清晰地看到那些独立的连接点，甚至能体会到其中所蕴含的情感。那是祖父母已经不在人世的伤痛，是与姑姑断了联系的悲伤，也是与兄弟姐妹团聚时的欢乐。

其次，当进入深层的知觉状态时，那些曾被深深压抑的感受，如愤怒或失望，都将浮现出来。也许是第一次，会有意识地感受到泪水的涌动和攻击性的迸发。但这并非坏事，我反而鼓励你去接纳并释放这些情感。任何无意识地体验的部分，都会成为发挥潜能的障碍。只有全然地聚焦于自身的潜能时，才能最大程度地展现自己。而那些被压抑的感受，只会阻碍这一进程。

再有，将自己的系统以可视化的方式呈现时，你便能更加清晰地认识到自己在不同情境下所扮演的角色，以及这些角色背后的图式。更重要的是，还能察觉祖父母和父母成长的历史背景，理解那些塑造他们思想和行为的社会风气。由此可以推断出，为何父母会坚守某些特定的价值观，以及他们的角色图式是如何形成的。这一切就像被轻推的多米诺骨牌，突然引发了一连串的感悟。

当然，回顾过去并不是为经历过的痛苦寻找借口，而是为了开始理解和识别它们。这是我们接受过去、积极面向未来的必要步骤。

如果你心生疑惑：这与我潜能的开发又有何关联？那么，请考虑下面的话：我们生活在一个错综复杂的关系网中，始终如此。除非你选择隐居深山。即便如此，你也属于某种秩序和规则。我们一直都是整体中的一部分。

这意味着，每个人都以各自的系统为导向。无论是作为孩子来到这个世界，还是作为新员工加入一家公司，我们都是从属于某个系统的后来者。基于这种定位，我们会模仿长辈和前辈的行为方式。毕竟，他们比我们更了解这个系统，他们在这里的时间比我们更长。接受他们的价值观，因为我们还没有形成自己的。接受他们的角色图式，以便共同生活和日常事务得以顺利进展。而这正是问题的关键点：直到成长的某个阶段，全盘接受身边的榜样和模式确实有它的意义，尤其是在从孩子蜕变为大人的旅途中。

然而，终有一天，只有自己才能做出抉择：下一步该怎么走？包括自己的生活。那一刻，不再盲目跟从，而是开始提出质疑，对周围的观点不再不经思考就接受。正是在这个转折点，开始绘制属于自己的世界蓝图，把自身的需求放在首位，发展出独特的愿望和观念。

仅仅因为某种行为模式一直存在，并不意味着它是唯一可行的选择。对于理解自己的角色而言，这一道理同样适用。

角色在不断演变。它与个人处境、价值观和愿望设想有关，同时也被社会形态、环境和他人等外部因素所塑造。通过绘制关系网图表，可以一眼看出哪些因素在影响着我们，哪些人对我们产生了吸引力。我们可以回顾上一次怀抱伟大梦想的时刻，思考是什么偷走了那份魔力。通过这样的洞察，可以发现事物之间的联系。在这个过程中，需要保持积极主动的态度，不责怪过去的自己或他人。提醒自己，无法改变过去，但可以通过现在的努力来塑造未来。

系统由社会角色组成，每个角色都重要

如上所述，每个系统都是由各种社会角色所构成的。换句话说，所扮演的每一个角色，都是为了协助系统的运转。这些角色编织成一张张网络，它们可以是家庭、职场，抑或是体育俱乐部等社会机构。每当融入这样的网络时，不论何时何地，我们都会担负起某个特定的社会角色。而每个角色都承载着特定的期望、价值观，以及与之相对应的行动和行为模式。

为了更直观地理解，举个例子：当成为一名妈妈时，我便自动地承担起了这一角色所带来的责任与期望。妈妈的角色往往与照顾和保护孩子紧密相连，无论在任何情况下，这一点都是不变的。

同样地，当加入一个体育俱乐部时，我就接受了运动员的角色，遵从教练的指导。

到这一层面，角色本身并不带有任何价值判断。它的存在，纯粹是为了维护系统的稳定，保障日常生活的顺畅进行。

可惜，每个角色都不可避免地会受到来自各方的评价——既有身在其中的我们自己的看法，也有外界的观察和评判，这是最大的障碍。在如何理想地履行角色职责的问题上，导致了各种观点和期望发生了碰撞。这常常是失败的关键点，也是角色带给我们烦恼的源头。假如能够认识到每一个角色都有它的价值和重要性，而个性特点正是扮演这些角色独特魅力的所在，那么日常生活就会变得更加容易。

角色图式和刻板印象是如何形成的

我们并非一出生就被框定在角色图式里，更不是天生就拥有固定的形象。这些角色画像，往往是由外界他人示范，我们模仿照做。因为似乎作

为女性，就应该如此。

还是小女孩时，内心充满了无拘无束的梦想和旺盛的生命力。我们自以为能够成为任何人，做任何事，实现任何愿望。周围的环境也仿佛在鼓励这样。毕竟，父母都希望给自己的孩子最好的。

我们应该勇于尝试，积累经验，学习能激发灵感的新事物。对自己充满信心，甚至相信自己拥有某种超能力。因此，我们不断因为进步而得到赞许和肯定。但是，有一天，情况发生了变化。渴望与父母做不同的事情，不再盲目追随他们的脚步，而是发展出属于自己的生活方式。亲身体验母亲的日常，观察她如何安排生活，如何满怀爱意地谈论着丈夫和邻居。同时，也经历祖父母那一代的生活方式。看新闻，读八卦专栏，然后，慢慢地，心中逐渐构建出一个看起来不错的生活版本，那是一条既适合个人，也符合家庭和社区期望的生活路径。于是，我们开始小声说话，缩小梦想。

角色图式在不断地演变中，从社会到社会，从家庭到家庭，从女性到女性。这种变化无所谓好坏，它只是生活的一种状态。然而，需要思考的是，你是否真正热爱自己的角色画像？无论是作为一位女性，还是母亲、妻子、儿媳、闺密、同事、主管，甚至是企业家？这里只是列举生活中一小部分的角色。你做事的方式自在吗？在相应的环境中，是否感到舒适与安全？因为角色画像让女性力量得以光彩照人？

如果答案是肯定的，那真是太好了。

如果答案是否定的，那么请停下脚步，反思是哪里不合适？哪里拧巴着？哪里让你感到束缚？哪里让你感到被忽视，没被看到？一旦找到了这些问题的根源，就可以为此做点什么。我们所拥有的每一个角色图式都应该与内心相契合，如果它不适合，那么就把它调整为合适，变成为自己量身定做的角色。

究竟什么是社会角色？想象一下这样一个场景：你坐在富丽堂皇的剧院里，精心地打扮了一番，穿上了心爱的连衣裙，脚踏高跟鞋。先生早早地结束了工作。一切都完美顺利，此刻，你坐在柔软的红色座椅上，简直难以置信。随着每一分钟的流逝，内心的骚动在增加。

你环顾四周，目光在其他的情侣间流转，深深地吸一口气，感受着剧院独特的味道。脑海中浮现出这里曾经上演过的无数故事。然后铃声响起，连续三声，剧院灯光慢慢暗淡下来。你的眼睛努力适应着这微弱的光线，耳畔响起了悠扬的乐声——小提琴、钢琴、长笛，轻柔的音调与黑暗融为一体。就在感官还在调整时，舞台的帷幕缓缓拉开。

舞台上的艺术家和演员们，他们又唱又笑，跳跃、舞动，满怀轻松的喜悦。坐在观众席上的你，感受着这份美好，仿佛成为戏剧中的一部分。那么，假如这根本不是一出戏，而是真实的生活呢？假如你并非在舞台上表演，而只是坐在观众席上，等待着登上舞台的机会呢？

如同戏剧中的演员扮演的角色，我们在日常生活中也担任着各自的角色。确实，这与艺术或者魅力没有直接联系。但角色对于维持生活的秩序和顺畅运行至关重要。如果我们每次都在迷茫寻找自己的位置，那么日常生活将陷入混乱无序之中。

当提及“角色”时，特指的是社会角色。

每当进入某个系统，不论是家庭、职场还是体育俱乐部，我们都会被赋予特定的角色。倘若置身于这样的社会架构之中，不论是从外界的期许，还是内心自发的追求，都会对我们产生一定的期望。随之而来的是，某些特定的价值观和行为规范便与我们紧密相连，成为我们的一部分。

家庭

在这种结构中，你是母亲、妻子、儿媳、姐姐、女儿、嫂子。

所有这些，都是你在某些情况下或多或少要扮演的角色。

体育运动

在这个结构中，你是运动员、朋友、训练伙伴。同样在这里，你也扮演不同的角色。

对角色的理解，往往深受社会影响。例如，说到做妈妈，社会环境可能塑造出一个关爱他人的女性形象，并将这样的价值观明确无误地传达给外界。同时，社会也可能倡导妈妈应该上班，追求独立的生活。角色画像会从一个社会形态到另一个社会形态更迭演变，从而极大地影响我们对角色的解读。

此外，家族历史同样是我们理解角色的重要参照。如果祖母曾是家庭的灵魂，总是以和为贵，维系家庭和睦，那么我们很自然地会将这种形象与女性气质乃至女性身份画等号。而如果姑姑曾独自闯荡世界，我们会认为这是一种自我决定的生活，并将其与勇敢和自信联系在一起。

请审视你的角色

在面对角色时，至关重要的一点是，不应盲目接受任何未经仔细思考的定位。

每个女性都有自己的角色诠释，每天都在依据自己最好的知识和信念来履行这些角色。然而，潜在的风险在于，生活中的角色画像可能与我们的内在天性并不吻合。当我们被迫扮演那些与自我感受格格不入的角色时，困境便随之而来。也就是说，这与我们的价值观以及对人际关系和处境的看法不一致。从长远视角来看，这种不协调将导致内心不满。即便没能马上意识到这种不和谐，它依然会影响我们。这种不满可能以不良情绪，甚至疾病的形式显现。

因此，我鼓励你审视所承担的角色。你有哪些角色？你对这些角色的感受如何？为什么某个角色会让你感到更加自在与舒适，而另一个角色却让你感到拘束与不安？

一旦洞察到这些问题，便可以采取积极的行动。

请以欣赏与同理心的态度来定义自己的角色，并照顾好内心需要。如果我们现在感到自己仿佛置身于观众席，静静等待着登场的机会，那很可能是因为以下几个原因：

- 我们还不明确自己的角色；
- 我们扮演着别人的角色；
- 我们渴望扮演的角色过于繁多；
- 我们所承担的角色与自己的天性并不契合。

在这种情况下，重要的是找到恼人的根源，找到困扰你的问题所在。这里有一个实用的方法：找一张白纸，在中间画一个大圆圈，并在圈内写上你的名字。然后，从圆圈向外引出数条线，每条线的末端再画一个小圆圈。这样的画面或许会让你联想到化学课上的原子模型。接下来，在每个小圆圈内填写你当前所扮演的角色，例如妈妈、女儿、姐姐、妻子、闺密、同事或企业家朋友等。当填完所有的小圆圈后，仔细观察你所构建的这个“系统”，很快就能发现哪个角色让你感到不适或拧巴。

随后，取另一张纸，记下这个令你感到困扰的角色，并制作一个表格。在表格的一侧，记录下你在这个角色中的真实感受以及与之相关的任务；在另一侧，写下理想的状态与价值观。完成这些步骤后，对比两侧的内容，看看它们在多大程度上保持一致。

那么，你在这个过程中有什么发现呢？对自己的这种觉察有何感想？你认为迈向改善的第一步是什么？

不是丈夫的女人。
不是邻居的女人。
不是博客里的女主。
也不是带着两个孩子的女人。

我是一个女人，
生而为女，天性使然。
我拥有女性特质。
除此之外，
我亦深感，真实的女性灵魂。

我是一个女人，
独立的个体。
人类的一员。
我有我的需要，
它们独特，
并不总是
与他人的交织相缠。

我用我的感官触碰世界，
以我的梦想和愿望为帆。
此外，
我有我的见解。
我的主张。
掌握解决冲突的策略。

是的，我已步入婚姻的殿堂，
但依然保持独立的风范。
是的，我有孩子，
却仍旧怀揣我的梦想，
我的远方。

是的，我是邻居。
不过，对于如何共处，
我有着自己的设想。

我扮演着这些角色。
每个都有其价值和意义。

有时多一些。
有时少一些。
有时是我自愿选择。
有时是生活的馈赠。

重要的是：
我们有权决定我扮演的
角色。
我们接受某些，演绎它们。

还有：
我们有权决定，拒绝哪些角色。
不再扮演，不再担责。

我们的生命属于我们自己，
而不是当作
为他人表演的戏剧片段。

我是一个女人。
首先对我自己而言，
而非他人的注脚和期盼。

角色类型

在上一段中，我们深入探讨了每个角色背后的塑造力量，包括外部与内部的期望，以及附加在角色上的行动和行为模式。这些都受到个人的信念和所处社会体系的影响。我们不可避免地会被压缩在各种角色中，但关键在于如何回应这些期望，以及是否选择满足它们。这实际上决定了我们是否能找到幸福的钥匙。为此，我们需要进一步的信息与理解。目标是探索可以以何种方式进入不同的角色，出于自愿还是非自愿。对这些方式的了解越深入，我们就越有可能突破限制，探索全新的路径。基于这些考虑，现在就来一起探讨，你是如何进入角色的。

被赠予的角色

我钟爱戏剧。虽然从未亲身参与过剧团的演出，只能以观众的身份欣赏舞台的表演。

剧团的人说，这是一个艰难的行业。毕竟，每个人都想成为主角，而不只是某个跑龙套的。然而，当剧目演出时，需要安排和分配好每一个角色。即便不是每个演员都能得到自己心仪的角色，最终，每个人也都需要接受自己的角色。要想让演出成功，每位演员都必须尽善尽美地扮演自己的角色，充满爱与激情。作为对这份付出的回报，每个演员都有机会用最贴近自己理解的方式，让角色在舞台上充满生命力。如果有演员对自己的角色敷衍了事，那么观众一定能感受到这一点。如果演员缺乏对角色的深刻共鸣和热爱，那么演出结束时观众的掌声也会大打折扣。

没人想要的礼物

在日常生活中，我们不会为扮演的角色而收获掌声，但当我们真真切切地演绎好自己的角色时，赞赏自然会随之而来。这是因为我们与角色融为一体，而非像一件不合身的衣服那样勉强穿在身上。

值得注意的是，并不是所有的角色都是我们自己选择的。有些角色是在未经明确同意的情况下，被赋予或指派给我们的。举个例子，你可能仅仅因为在工作中讲过三个笑话，就被贴上了“搞笑同事”的标签。此后，每当休息时，同事们便期待你再次带来欢笑，这无形中给你增加了一种压力，这种角色是在未经你同意的情况下被赋予的。再比如，因为成功组织了一次郊游活动，你可能被委任为体育组组长，尽管组织郊游与担任体育组组长之间并没有直接关联。

还有一些角色是作为“礼物”被赠予我们的，这些角色是我们做出某些决定后自带的。它们就像那些无法选择的奖品，自动到来。例如，步入婚姻，我们便会自然而然地得到儿媳和妯娌的角色，无须任何费用。又或者，如果身为家中的长女，而父母渴望有更多的孩子，那么在没有被征求意见的情况下，我们就会成为家中的大姐姐。

通常，礼物是带来欢乐的小惊喜。如果不喜欢，我们就可以在下一个节日摇奖环节转赠他人。

但是，对于那些并不喜爱的角色，我们往往没法轻易摆脱。除非做出决绝的选择，完全拒绝这些角色，但这通常意味着，需要断绝与某些人或事物的联系。即使我们选择不接触这些不喜爱的角色，它们仍然会对生活系统产生影响。

你的机会

面对那些“赠予”的角色，我们唯一的机会就是去深入了解它们。无论是通过文学作品，还是与他人进行交流，抑或与那些曾经或正在经历相似情境的人建立联系。倾听他们的故事，分享自己的经历，这样的互动，不仅可以在决策过程中获得学习和支持，更能帮助你意识到，你有权力去定义自己的角色。这一点，对于那些“赠予”的角色来说尤为重要。只有真正理解如何用生命和爱去履行这个角色时，它才不会成为一种负担，既不会对自己，也不会对所处的系统造成压力。与此同时，不要不加过滤地屈服于你身边人的期待。我们常常为了避免冲突和不愉快的情境，或者误以为别无选择，而这样做。

发现每个角色背后的机遇，你会注意到自己全新的一面，也会吸引新的朋友进入生活。创造一种新型的“在一起”。重新厘清自己的需求，让生活更加丰富多彩。清晰地与自己和周围的人沟通，传达所扮演角色相关的期望和想要实现的目标。如果决定不再扮演某个角色，也请明确地设定边界，从那些对你有害的关系中解脱出来。这样的做法，不仅能让各方都有清晰的界定，更能带来一种轻松愉快的相处氛围——我们的生活需要这种美好的氛围。

蛋糕和角色

我对蛋糕有着难以抗拒的热爱。那种甜甜的、黏黏的东西，神奇地吸引着我。每当蛋糕被端上桌，大脑仿佛被按下了暂停键，一切思绪都停滞了。在这种美味的诱惑下，我常常会不自觉地多吃几块后，才会恢复些许理智。随后，我往往会心虚地偷偷照照镜子。眨眼之后，我就会恢复平静，心中的负罪感也随之消散，并向自己保证："下次吃蛋糕自助餐时，应该再节制一点。"

在这个过程中，我似乎承担了一个"蛋糕爱好者"的角色。这个角色对蛋糕充满了热情和渴望，也在享受美味的同时，不断地与自己的理智和自制力进行斗争。虽然这个角色有时会带来一些"甜蜜的负担"，但我也乐在其中。

蛋糕和角色有什么关系

角色并不全部由外界所赋予。有些角色，是我们主动承接的，如同一块蛋糕。或许是因为它看起来美味诱人，或许是因为它给予美好的感受，或许是因为周围的人都这样做，甚至是因为我们认为别人对我们有这样的期望。

起初，我们可能热衷于扮演这样的角色，将自己的个性和价值观融入进去。我们不仅仅是在演绎这个角色，更是这个角色本身。然而，随着时间的推移，在这个位置上停留越久，就越发感到心里发毛，仿佛有种说不出的不自在。这些角色可能包括：

团队中那位风趣的同事。起初，这个角色帮助人们巧妙地掩饰了内心的不安，也能更自然地与团队打成一片。同事关注到你，享受着交谈与欢笑。扮演这个角色的时间越长，越能深刻地感受到内心深处对于严肃话题的渴望。我们并不总是心情愉快，也没法一直能说出幽默风趣的话语。然而，想要从这个角色中抽身，竟有很多困难。

无论何时都热心帮忙的好邻居。刚到一座陌生的城市，很难融入所居住的社区。而那些第一次的相识，总是伴随着各种第一次的请求。“你能帮我收个包裹吗？”“能接替我这次清扫楼道的职责吗？”“能为社区聚会烘焙蛋糕吗？”这些小小的请求，一开始确实让人们有机会快速与周围的人建立起联系。然而，也越来越成为一种负担。任务仿佛越来越多，从邻居们那里得到的感激和回报却寥寥无几。更为沮丧的是，并不是每个邻居都能为生活增添色彩。那么，面对困境，人们又该如何应对看似固化的局面呢?

将他人的需求放在首位的妻子和母亲，把自己的渴望与需要排在最后。当女性初为人妻、初为人母时，往往还带着少女时期的浪漫幻想。这些美好的憧憬，来自我们所看过的电影和读过的书籍，它们将生活描绘得轻松而简单。在这些故事中，伴侣间很少有争执，和谐共处是常态，看不到生活的艰辛与挑战。与婆婆或小姑的相处也是风平浪静，即便偶尔有些矛盾，也会在短短 90 分钟的时间内得到圆满解决，仿佛一切都能够如魔法般烟消云散。然而，这些故事往往只展示了结果，却很少给出如何达到的路径。

随着时间的推移，我们发现这些想象在背离现实，结果许多女性陷入了困境。面对现实的不如意，人们不是表达出来，而是选择了沉默和接受，即使知道这样不对，依然如此，误以为这是维护家庭和谐的唯一方式。

即便在某个安静的时刻，意识到这种理想与现实之间的落差，并暗下决心下次做出不同的反应，要活出更真实的自我，做自己，减少扮演别人眼中的角色。然而，当相似的情境再次出现时，我们往往又难以抗拒那种以相同方式来应对的惯性。

为什么会这样？

原因在于，这些都是人们习惯的行为模式。不论其好坏，已熟知如何应对，清楚他人对我们的期望，以及他人对我们的反应。同样，我们也能预见对方的反应和措辞，甚至能够提前适应即将发生的情境。这些都是根深蒂固的行为模式，它们以某种方式给予人们一种舒适感，就像我们知道蛋糕的甜美滋味。更重要的是，我们所处的社会系统之所以能够顺畅运作，正是因为每个人都扮演着特定的角色。任何试图打破这种固有模式的行为，都可能引起混乱，造成系统失衡。异样的眼光，讽刺的话语，甚至会遭受拒绝和排斥的后果。这种体验令人难受，所以我们总是尽可能避免能避免的麻烦。

我们甚至还附加上自己的想法：如果我的声音突然变得严肃起来，开始花时间满足自己的需求，而不是一味地烘烤他人需要的蛋糕，那么人们会如何看待我呢？毕竟，所有这些完全出于我个人的意愿。这种内心的挣扎，可能会引起一个无休止的循环，而最终受害的只有一个人，那就是自己。

没有什么是永恒的

我深爱着生活。它是一段绚烂多彩的旅程，我花了很长时间才领悟到这一点。人生，便是一段探索与体验的奇妙旅途。每个时代，每个阶段，都拥有属于它的精彩瞬间。我在二十岁出头时的经历与在三四十岁时所体验的截然不同。不能说好，也不能说坏，仅仅是不同阶段而已。随着岁月的流逝，我越来越珍视那些过往的经历，因为它们已深深融入到当下。

从自己过往的历练中汲取教训，如今的我，更能从容地安排日常生活的点点滴滴。在角色的扮演中，这意味着，你可以从自己的过去中学习，让当下更加充实与有意义。一言一行，并不是一成不变，而是臣服于旅程的进展。那些在二十岁时的想法和感受，对于现在的你而言，已不再完全契合。毕竟，在扮演妻子、母亲、邻居和同事等多重角色的过程中，你已经获得了显著的成长。正因如此，我鼓励你勇敢地走出那些曾经承担的不适合的角色。你不必永远固守在自己不情愿的模样里。

是的，改变可能会给周围的环境带来波动。是的，还可能引起冲突。是的，生活因此会经历一些波折。但在这一切的背后，你都是在为自己而活，为了成为更真实的自己。

所以，即使你对蛋糕已经感到恶心，与其假装一切都很合适，觉得蛋糕仍然美味如初，不如勇敢地承担责任，重新审视自己所扮演的角色。

毕竟，这个世界上没有什么是永恒的，就连生命也是如此。

把自己隐藏在角色中（在角色中寻找自我）

日常生活被各种任务所填满。其中有些任务让人感到满足和充实。在这些任务中，我们通过扮演的角色，体验着生活的快乐。当我们是照顾他人的角色时，能烹饪、烘焙，尽情展现创造力，同时也满足了照顾他人的愿望；当我们是职业女性这个角色时，运用自己的知识和技能，创造新事物，这不仅增强了自我意识，也满足了对自主和独立的渴望。这些角色让我们感到快乐，更让嘴角绽放出真挚的笑容，光彩照人。在这些时刻我们是真实的自己，真诚、不做作。我们能够目标准确地做出决策，灵活应对各种变化，并自主地调整计划。

那些不得不完成的任务，总是令人心生厌烦。这并不是因为缺乏执行的热忱。这种情绪或许会显现在我们脸上，或许会被我们深藏在扮演的角色之中。换句话说，即便在糟糕的情况下，我们也会尽力维持一副笑脸，默默容忍那些不利的事情，我们选择沉默，举止拘谨，既不真实，也失去了坦诚。

这种行为，实际上揭示了内心的不一致。它与价值观、交流方式、言语以及思想都格格不入。你周围的人能感受到这种不协调，可是很少有人会说出来。当被问到一切是否还好时，人们更倾向于进一步躲藏在这些角色的后面。

像“我还应该怎么做，事情就是这样”或者“我就应该这样做”这样的说辞，只是人们典型的逃避反应。

结果是，这种做法对人们造成了伤害。人们常常感到疲惫不堪、情绪低落、沉默寡言，甚至出现头痛、颈部疼痛等一些症状。如果真的生病了，那还是自己让自己生的病。总有一天，同伴将不再关心询问。他们不再给予任何帮助。他们相信我们说的是实话，认为生活中的一切似乎都很好。然而，实际上，我们只是躲在这些言辞后面，隐藏在这些角色中，不敢面对真实的自己。

这很清楚了，是吧？人们不愿意去寻找那些能以积极方式填补角色的机会，害怕承担责任。不为自己，更不用说为角色。不愿意去沟通、表达自己的感受和需要，为什么呢？是出于错误的羞耻感和想法，担心别人无论如何都不会理解你。

在生命的尽头，所有这些“捉迷藏”的游戏，都不会带来任何好处。到那时，就会深刻地意识到，你从来就不需要躲藏，因为用这种策略，你没能充分体验过在人世间的时光。

为什么我们最终会扮演自己不想要的角色

为什么最终会接受那些自己不想要的角色图式？或者即便感觉这些对你并没有益处，为什么你仍然去满足这些角色图式？

其中一个主要原因——甚至可以说是最根本的原因——是我们对自己缺乏深入的了解。我们没有真正去探索过自己的喜好与厌恶。既不清楚自己内心真正的渴望，也不知道应该避开什么。简而言之，我们对自己的认识缺乏清晰度。

这听起来或许有些乏味，但实际上，这是一个深邃且值得一生去研究的领域。回想出生的时候，那时人们能够清晰地感知自己的需求，并直接表达出来。饥饿时，会用哭声来传达；感到寒冷时，会哼哼唧唧；无聊时，会发出不满的声音；而感觉愉悦时，便会发出咯咯的笑声。如果以马斯洛的需求层次理论作为基础，我们会根据身体的感觉，来识别某种匮乏，并希望消除这种匮乏，从而有相应的反应。最初，这些反应可能只是简单的哭泣，但随后逐渐演变为语言和行动。在幼儿时期，这样的行为还被认为是积极的，然而，接下来的几年，情况开始发生变化。当我们逐渐长大，周围的人会将自己的情感和期望投射到我们身上。这并不是出于恶意，而更多是源于他们自身的经历，或者对社会和生活的看法。例如，我们必须保持安静，因为爸爸下班回家需要休息；我们必须吃完妈妈用心准备的食物，以表示感激；我们应该分享玩具，以培养友谊。而在青春期，我们被期望少去庆祝，多坐下来学习，这样才能成为优秀的人。

这种自我牺牲的精神，无疑是被赞扬的。在这些时刻，人们很早就学到为了团体的和谐和利益，要暂时放下个人的感受。在成长的过程中，人们从照顾者的行为中体验和吸收，深信他们的方式就是最好的。这就是为什么我们会按照别人的指示，即使已经吃饱，也会再多吃一些。

成年后我们逐渐意识到，这种一味迎合他人的做法，只是为了服务社会系统。后来，身心疲惫时才恍然大悟，因为我们没有顾及满足自己的需要。尤其是当我们还在勉强自己，去扮演那些内心并不愿意却觉得必须去承担的角色时，问题就变得更加棘手了。要改变这种现状，需要对自己有一个清晰的认识。我们需要了解，是什么塑造了现在的自己，明确当前的生活状态，以及真正想要追求的生活目标和生活方式。同时，对自己的清晰感，也意味着你会更加有力量，还能成为周围人的坚强后盾。我们不再被那些繁重的负担所拖累，而是以一种更轻盈的姿态去面对生活，拥抱更多的可能性。

我给你的建议如下：

审视你所扮演的角色——

• 看看你隐藏在哪里？有哪些是让你没法百分之百做自己的角色，有哪些是让你头疼、压力大，甚至在夜晚辗转反侧的角色？

• 勇敢地承担责任，正视当前的现实状况。这是你迈向改变的基础。无论这一步有多么痛苦，它都是你成长道路上最重要的一环。只有这样，你才能重新肩负起责任，进而开始行动。

• 果断地做出选择，尤其是那些对你有益的决定。思考哪些职责是可以削减或放下的，哪些任务可以通过不同的方式来执行？哪些地方需要支持？你希望与哪些人保持联系，想逐渐疏远哪些人？

• 按照自己的想法，走自己的路，扮演真正属于自己的角色。要实现这一点，你需要拥有清晰的思路。而这一切，都可以通过对自己保持诚实和坦率来实现。

为了更加清晰明了——

• 请探索并了解自我以及你的真实需要；

• 深入到你的价值观中，并对其进行审视；

• 记录下你对生活的想法和期望，然后与现实状况进行对照；

• 一旦明确了这一点，接下来的步骤就会变得相对容易许多。

洞察角色的冲突

冲突，往往是我们避之不及的一种情境。对话，要么被掩饰起来，要么以激烈的争论爆发。以下内容就是要驱散我们对这些时刻的恐惧，并加强应对冲突的能力。

先说说冲突究竟意味着什么。当几个人聚在一起时，他们各自独特的利益、需求和期望会自动地发生碰撞。这既不是坏事，也不是好事，就这么简单。毕竟，这首先是人性，也是彼此互动、沟通和共同成长的基础。这种分歧有可能演变为冲突，但这本身也是正常的，因为它是活生生在一起的美妙迹象。只要开始寻求共同的解决方案，我们的视野就会得到拓展，学到新的知识，接触到新的观点和视角。从这个角度来看，每一次冲突都蕴藏着潜在的可能，扩大舒适区，丰富生活体验，并为我们留下积极的回味。

什么是角色冲突

为了更好地理解冲突，并学会以欣赏的方式处理冲突，细致地观察可能出现的各种情形组合，是非常有益的。

这样做将带来诸多好处：

- 你能够预知可能发生的冲突类型；

- 你甚至能在冲突升级之前就敏锐地察觉到它的存在；
- 由于你了解冲突的特性，因此，你具备采取有效行动的能力。

准备好了吗？让我们共同启程吧。

根据个人的经验，有三种类型的角色冲突，一次又一次地出现，给生活带来挑战。

经典的角色冲突

这种冲突源于对同一角色的多重、相互矛盾的期望。

举例来说，假设你是一位已婚女性，因此你扮演了儿媳妇的角色。丈夫极度渴望家庭和谐，他明确地向你传达了这一点，表达了他对你作为儿媳妇的特定期望——维护家庭和睦。而婆婆则期望你作为家庭新成员，关注到家庭的各种事务。

与此同时，母亲则希望你能够勇敢地表达自己的想法，并为自己辩护。她根据自己的生活经验，深知作为儿媳妇，能够坚持自我、发出自己的声音是至关重要的。

因此，你有一个角色，和关于如何扮演好儿媳妇这个角色三种截然不同的想法。

内部冲突

这种冲突体现在人与所扮演的角色之间的不一致上。你根据自己的价值观和理念来界定这个角色，然而，环境却可能对此有其他看法。

举例来说，假设你是一名教师，学校的管理层可能期望你能够迅速完成教学材料的讲授，以确保课程进度的顺利完成，避免任何拖延。然而，你更倾向于以自己的方式来达成学习目标，即通过大量的实践练习、交流互动，来提升学生的学习效果，而不是通过给学生施加过多的压力来追求速度。

显然，这些不同的期待之间很难调和。

角色间的冲突

这种冲突源于一个人内心同时扮演的两个角色之间的对立。简而言之，当人在某一情境中身兼双重角色，且对这两个角色都有所坚持时，冲突便产生了。

举例来说，每个工作日的夜晚，在你刚刚把孩子们送上床时，丈夫恰好回家。这时，你既是渴望听故事的孩子们的妈妈，也是丈夫期待交流的伴侣。孩子们盼望着你的陪伴和睡前的故事时光，而丈夫则希望与你分享一天的经历。你无法在同一时间满足这两种截然不同的期待。

如何处理这些洞察

一旦人们清晰地认识到，哪种期望态度与当时的情况和人相关联，就能更明智地决定如何面对它们。为了帮助自己更好地应对，提前深入思考可能引发的冲突是非常有益的。只要可视化可能发生的情况，你就削弱了潜在不幸事件的戏剧性影响。这样就具备了主动行动的能力，而不会陷入两难境地。想象力有时会误导我们，特别是在遭遇可能的突发事件，而未能将其与现实对照时。

提前思考解决方案，或者预演自己的反应。越是深入到自己的内在感受和需求中，面对相应情况时你就会越有信心。这样，就不会被自己的情绪反应所左右，讨论过程中的不安全感也会相应减少。

同时，你还有机会提前借助对话来厘清思路。这样，在紧张的氛围出现之前就能得到缓解。此外，这种策略还能防止问题被沉默所掩盖，因为问题并不会因沉默而消失，它们只会在暗处潜伏，直到某个不合时宜的时刻毫无征兆地突然爆发。

角色和冲突，是的，它们确实会发生。同样，它们也会逐步消散。

面对困境时，越能以开放和负责的态度去面对，你就越能轻松自如。而这种从容不迫，反过来会增添你的光彩。这正是我们所追求的——以光彩照人的姿态走过人生。

当我们谈论爱自己时，到底在说些什么

爱自己，意味着我如何看待自己作为一位女性，我是否珍视自己的存在、自己的行为以及自己的能力和价值，是否能够做到无条件地自爱，不受外界评判和声音的影响。当我清晰地认知并践行自己的价值观时，真正的爱自己便油然而生。同样，当我意识到自己的需要，并主动负责去满足这些需要时，我也是在展现真正的爱自己。

举个例子来说明。

有一位选择成为全职太太的女性，她负责洗衣做饭、照顾孩子。她之所以做出这样的选择，是因为这与她对家庭和亲密关系的价值观相契合。她把自己看作家庭和社会的重要成员，并热爱自己所做的一切。尽管她的朋友们认为，她这样做是在浪费自己的潜能，但她的内心坚定，不受外界看法的影响。同样，在金钱方面，她也不会盲目听从他人的评价。尽管其他女性认为女性应该自己赚钱，不要依赖丈夫，但她并不感到自己是在依赖，因为她深知自己对家庭的价值，并在此基础上与丈夫建立了平等的关系。

健康自爱的另一个例子是，一位女性总是穿着她觉得舒适的衣服，无论其他人如何看待或评价她的着装风格。或许有人会说，大码尺寸的女性不应该穿紧身裤或连衣裙，但谁又能决定这些呢？实际上，每位女性都有权选择穿任何她喜欢的衣服，让自己的身体感到舒适。这是个人的自由，没人有权对此进行评判。

第 2 章

这些迹象意味着你需要改变

期望落空

巨大的压力

归属意愿

改变，我们往往习惯于从外部环境去寻找。四处探寻，不断调整。试图将自己与周围的人和事物区分开来，然而却常常惊讶地发现，我们内心依旧感到不满。其实，答案很简单：

真正的改变，源于内心，也终结于内心。它关系到如何看待自己，我们感受到了什么；哪些地方让人感到烦躁、不耐烦，或者觉得不公平。

外部环境或许会按照人们的期望发生积极的变化，但我们始终还是那个自己。同时，面对同样的事情，或许有些人觉得糟糕透顶，而有些人却能心怀感激，无比满足。

曾经，我也用了很长时间去怀疑，这种内心的力量是否能带来真正的改变。但事实证明，确实如此。只要人们愿意去调整，那颗唯一能引发改变的“螺丝钉”——自己，就会悄然发生变化。

如果渴望改变——无论这种改变有多微小或是多么宏大——那么，请首先审视自己，看看你能在哪些方面做出积极的调整。

列出一张你希望看到不同之处的清单。深入感受自己的情感，并体会是否喜欢每一种感觉。记录下对生活的理想，然后对比现实，看看哪些已经实现，哪些还未曾触及。积极行动的方法有很多，但最关键是要意识到，只有自己才能引发真正的改变——这种改变是完全独立于外部环境的。

与自己的冲突

当不同利益和需求发生碰撞时，冲突就会发生。这时的难点在于，人们往往迫切地想要满足自己的某些利益或需求，而且希望能够及时、迅速并完全地得到满足。为了积极地实现这一目标，情绪会以愤怒、悲伤、沮丧或恐惧等形式来推动行动。这些情感都深藏于内心，而对面的人无法直接看到。因此，这些内在的情感，往往会通过外在行为表现出来。我们会提高说话的音量，或者选择沉默不语。眼中可能闪烁着泪光，身体也不由自主地颤抖。之所以会有这样的反应，是因为情感需要以某种形式的能量释放出来。可以说，这些情感被转化成了外在的表现，以确保不被同伴忽视，并表明此刻，某些事情十分重要，即满足我们的需要。

如何应对自我冲突

分歧并不是坏事，它实际上提供了一个绝佳的成长机会。在冲突中，思想得以碰撞和交流。我们能够遇到新的视角，从而拓宽视野。这些都是我们现在开始积极看待冲突的重要理由。仅仅是这样的态度，就能让你在对话中减少紧张感，更好地倾听并表达想法。

当谈论冲突时，有一个难以回避的问题出现了。只要冲突还涉及他人，我们都可以相对容易地学习和应对。毕竟，如果事情变得无法忍受，还有机会逃离争端。我们需要时间来思考解决方案，或者干脆结束这场争执。那现在，如果你和自己发生冲突时，又该如何应对呢？

是的，没有看错，一个人确实有可能与自己产生冲突。这种冲突能产生的一个主要原因，可能是对自己角色的理解与周围人的期待并不吻合。当以妈妈的身份重返职场时，邻居可能会对此表示质疑，认为缺少妈妈的照顾，对孩子的成长不利。在忙碌的工作后，无法准备一顿热腾腾的晚餐时，你的妈妈会以她过去的经验来提醒，她曾经不费吹灰之力做到了这一切。当你因为一天的劳累而无法坚持锻炼，而同事却每晚坚持跑步时；又或者，你可能并不擅长也不热衷于精心挑选和包装礼物，而闺密却总能在生日时送上令人惊喜的礼物。所有这些情境都可能让人感到内在的紧张。在面对母亲、闺密或同事的期待时，你可能会感到难以言说的压力，甚至需要强行忍耐。这种压力可能会转化为身体上的不适，随即感到头痛、喉咙痛，或者心情低落。所有这些都不会令人舒适，更不用说，对自己的家庭氛围有什么积极的影响。

从表面上看，这些冲突似乎是由于人与人之间的兴趣差异所导致的。然而，深入观察后会发现，这其实是内心冲突的体现。这种冲突源于对特定角色的不同理解和期待。如果对自己的角色没什么想法，或者不清楚应该如何演绎这个角色，那么这些内心的挣扎和困惑就难以避免。这种冲突，归根结底，源于内心。

在自我束缚方面，我们是无冕之王

我们极其擅长的是自我撕裂。当愤怒或不满时，总认为只要再努力一些，就能达成目标。热腾腾的饭菜、整洁的厨房、熨烫平整的衬衫，还有那即将在会议上展示的 PPT。我们理所当然地认为，缩减必要的睡眠时间，或在压力下几乎吃不上一口饭，都是必须做出的牺牲。

但此刻，我要说：停下来！

这一切的努力，其实都指向一个结果：你在摧毁自己。健康开始受损，情绪变得低落，然后，在某个时刻，人际关系也开始出现问题。既然愿望是让自己活得更轻松，那么我要告诉你：别再试图取悦他人了，别再让自己内心承受撕裂般的痛苦了。

听从内心的声音

在某些特定的日子里，当他人表达观点时，我们非常清楚地感受到某种难以名状的不适——就像胃部的一阵痉挛。这种痉挛，实际上是值得我们经常留心和倾听的信号。因为很多时候，冲突的起源往往就是某种感受。那是一种难以讲明的不安，仿佛内心的声音正试图与我们对话。然而，很多时候，我们选择忽视这些声音，甚至将它们推开。我们可能会认为这只是自己的幻想，或者怀疑自己是否过于敏感。

但实际上，这种感觉并非空穴来风，它往往是内心冲突的根源，是内心深处的某种不适在暗示：有些事情与当前的情境并不和谐，正等待着我们去发现。

因为，每种感受都是为你而来，每种感受都是引导我们根据自己的价值观和想法，去调整生活的信号。

对于美好的感受，人们往往能够轻易地感知并欣然接受。谁愿意有意识地觉察恐惧、羞耻、愤怒等令人不快的感受呢？但正是这些令人不快的感受，在提醒我们：此刻，有些事情急需关注和调整。

因此，在此温馨提醒你以下几点：请有意识地觉察自己的每一种感受，所有的感受。当感到一丝哽咽或抱怨时，请关注它。深入观察当前的情况，认真体会那些让你感到困扰的事情。随后，果断采取行动。努力将那种令人不适的腹部痉挛，转化为轻柔而愉悦的心跳。

与自我对话

我自言自语。
时而高声，
时而低语，
时而劝诫，
时而赞赏，
时而在家，
时而在公共场合。

无时无刻。
无处不在。

时而倾听自我，
时而不为。
时而赞同自我，
时而不为。
时而理解自我，
时而不为。
时而无法理解。
时而理解。
时而专注事物本身，
时而分心，
被外界纷扰。
时而寻找暂停键，
时而将其紧握手中。

沟通始于我们。
存于内心，
伴我同行，
而且总是如此。

我们如何与自我交谈，
也如何与他人交流。

我们如何倾听自我，
便如何倾听他人。

我们如何珍视自我，
便如何珍视他人的情谊。

起点始于我们自己。
始于你，
始于我。

期望落空

若要自我剖析，并指出三个可以改进之处，我会将缺乏耐心放在首位。耐心这一美德，我渴望能像商品一样一袋一袋地购买，囤积家中，随身携带。等待，对我来说，是一种难耐的煎熬。我迫切需要练习自己的耐心，甚至再多些。

有些事情必须历经时间的沉淀。可惜，仅仅是这样的认知，并不能增加耐心。

我曾幻想，耐心是太平洋中部的一座庞大而浑圆的岛屿，被碧水环绕，拥有众多宁静的小海湾。有些海湾令人陶醉，那里的大自然、沙滩与大海和谐共存，尽显完美。但也有一些海湾并不那么尽如人意，或是荒芜，或是沙滩狭窄，水质混浊。在这些不那么完美的海湾里，我静坐于沙滩之上，努力修习耐心。我凝视着大海，期盼这个地方能立即、马上变得如其他海湾一般完美无瑕。然而，失望总是难免的，耐心已经到了尽头。我放弃了去真正理解这个地方的机会，包括它的所有瑕疵与美丽，以及它的另一面，它的个性风格。

如果你等待，那你就有期待的心态

自从我开始思考“走出女性盒子”“沟通与欣赏”等议题后，视角发生了转变。在与人交往时，我尝试着从不同的视角去洞察，去体会他人的情感和需求。每个人都有自己独特的生命故事，而这些故事都深深地为沟通和行动打上烙印。当夜幕降临，我会反思修炼自己的理解力与友善心。这漫长的 24 小时可能会让人感到疲惫不堪，消耗力量。沟通是一件脆弱的事情，上述任何细微的因素都可能对其造成干扰。

伴随我对同伴的新视角而生长的，是另一株“植物”。它悄然无声，大多时候并不能直接看到它，而是能够深切地感受到它的存在。在腹部，在心口；在疾速跳动的脉搏中，在头部发热、满面通红之时。这棵喻指的树，名为“期待”。它始终如一地伫立在我内心的角落。偶尔，它真的会开出绚丽的花朵，以它盛开的壮丽之姿站在我面前，高大而坚韧，一路挑战极限。

等待心态，更多地与“期待”本身有关。我渴望同伴不仅能感受到我那份由衷的欣赏，更能将其融入实际行动之中。这份期望，当然是与自己之间的对话，不分心地被聆听到，没有外界的干扰。

对人自发地伸出援手，或是对人坦诚的理解，你可能期待他人的感激之情。然而，现实情况并非总是如此。随着对期望值的提升，我们可能会对收到的反馈产生更多的不满。因为我们总希望行为能得到某种特别的赞赏，即以期望的方式，而不是对方实际给予的方式。问题在于，过高的期待会让人无法看清他人的真实面貌，反而只能看到自己心中所希望看到的一面。这就像是一种心灵感应的错觉，有些伴侣和同事甚至把这作为相处的先决条件，期待对方必须能即刻猜到自己在此时急需帮助。但遗憾的是，这种方式并不实际。我们需要明确地表达需求和期望，以及希望以何种不同的方式得到满足。

我的期望很高，特别是对于那些从事与人打交道工作的人，如服务人员、教育者、电话咨询员等。我“期待”那些在服务行业赚钱的人，能以充满欣赏的方式进行交流，选择积极的措辞，进行友好的眼神互动。但遗憾的是，这样的期待往往只是一厢情愿。与我交流的人可能会觉察到我对沟通和欣赏的独特理解，但这仍然只是个人的期望。因此，在某些情境下，我会徒劳地等待，导致对话注定以失败告终。

在这些对话结束之际，我常常深陷沮丧之中。一方面，人们所采用的沟通方式与我大相径庭；另一方面，这种交流上的不平衡使我深感疲惫。它耗尽了精力，那些精力本应用于深入探讨欣赏的话题，用于追寻有益的事物，用于能触动心灵的言辞，用于能引发共鸣的交流，以及用于能够激励同伴，助益成长的联结。由于我天性乐观积极，并始终保持着这种态度，我为自己找到了一种以欣赏的眼光来面对这种困境的方法。现在，将这一方法的精髓总结并分享给你，希望它能让你的日常沟通变得更加轻松，使你不再过分依赖于期望态度。

你可以做些什么

保持自我

坚守价值观，这是你在与人交往中所看重的。紧紧把握这些原则，并用它们来明确表达观点，这是有关你的想法的有价值的交流。忠于自己，这样，在生命的最后，你才能感到满意和快乐。按照自己的价值观和标准来行事，不受外界环境的干扰和影响。

与你的期望心态对话

每当心中涌现出某个明确的期望时，尝试与它进行对话。探索你产生这种期望的根源。思考它为何对你如此重要，以及为何在这个特定的时刻浮现在意识中。随后，试着找到一条面对这一期望的可行之路，思考如何将这份期望巧妙地融入日常交往中。谁清晰了解自己的期望，谁才能更好地面对它，并承担起个人的责任。没有任何其他人能对此负责，更不用说满足期望了。

停止等待

你无法向任何人强行灌输教义或者启发思考，也不能强迫别人以你欣赏的方式来沟通，或者变得更加乐于助人。然而，你完全可以通过自身的行动来展示不同的做事方式。因此，别再原地等待，而是做起来。只有通过实实在在的行动，才能真正触动和激励到他人。所以，努力成为你希望看到的那种榜样吧。

渴望

我深深地思念
你——
我的朋友，
还有家乡的老屋。

绚丽的秋季，
熟悉的气味，
惯用的言语。

我思念，
我自己。

巨大的压力

你感觉到压力了吗？觉得有些日子压力比往常更大？是在某些特定情境下，还是与特定的人相处时？你是否因为觉得自己必须扮演好某个角色而感到压力，例如，必须总是完美完成任务？对每个人都保持友善和乐于助人？当你总是按时完成日常计划，不留任何拖延时，这种紧迫感是否更加强烈？你能在哪里感受到这种情绪？是嗡嗡作响的头部，加速的心跳，还是胃部轻微的恶心？又或者是因为深夜仍在思考而导致睡眠障碍？然而，人们常常忽视了这些身体发出的信号，因为总是忙于用头脑去应对生活。人们查看日历，制定新的策略，以提高效率，却未停下来感受自己的身体。我们认为这些压力并非源于自己，而是家庭和社会的压力。只要思维还能运转，我们就无须去感受任何东西。然而，当夜幕降临，周围变得安静时，我们开始觉察到身体的反应，感受到肌肉的紧绷和扭曲，听到心脏的悸动和痉挛。许多人在这时应该停下脚步，调整自己的状态，但往往在第二天又重复着相同的模式。在感到疼痛时，扔到嘴里一粒药；在感到疲劳时，多灌进一杯咖啡；把日程排得更满，因为昨天还剩下没完成的任务。当然，我们可以寻找外部责任，比如谩骂老板、怪罪社会或是天气。但无论如何，这都无法改变当前的处境，和那如同迷失在仓鼠轮中无限循环的感觉。

另一方面，有效且以解决问题为导向的方法是，认识到唯一真实存在的压力是自己给自己施加的。这听起来可能不那么友好，也许并不是你想听的答案，但这就是事实。只有自己，才能给自己带来压力。怎么会是这样呢？嗯，这源于人们想取悦他人，渴望得到他人的爱，害怕冒犯别人，也不愿成为众人瞩目的焦点。我们既想成就一番事业，又想成为一位完美的母亲；渴望别人关注对我们而言重要的话题。所有这些都是人之常情，也都有可能实现。然而，一不小心，我们就可能对这些追求上瘾，使得原本积极的驱动力转变为消极的压力。在这种情况下，它不仅对行动毫无帮助，反而会伤害我们。

这种对关注和认可的渴望，就像一个无形的仓鼠轮，将人们困在其中。当然，日常生活中需要时间表和规则来给出方向，这无疑是件好事，因为它能防止混乱。尤其在我们与他人共同生活和工作时，这些计划能为人们带来秩序和安全感。而这些，反过来又至关重要，因为它们确保我们能在正确的时间出现在正确的地点。然而，如何构建这些生活结构则完全取决于自己。我们需要处理预定的规则和要求，定义自己的安全感，并独自决定如何使用精力以及将其用于何种目的。接下来，让我们一起具体探讨如何在日常生活中设定自己的节奏。

识别自己的压力点

- 什么会让你感到不舒服？是否注意到，面对哪些特定情境或哪些人时，你会有不良的情绪反应？
- 你为什么总是匆匆忙忙地度过一天？是因为日程安排得过于紧凑，还是任务排得太满？
- 你渴望得到哪些人的欣赏？你觉得必须向谁展示，以证明你自己能够掌控一切？

善于运用你的声音

- 学会说“不”。
- 接受帮助。
- 表达你的真实感受。

净化你的日常生活

- 将休息时间明确列入你的日程安排中。
- 接受一个事实：一天的时间是有限的。你不可能完成所有的事情，也不必强迫自己这样做。
- 明确任务的优先级。制定每日工作计划清单将对你有帮助。
- 每天为自己留出自由支配的时间。

这是关于什么的？

从不为旁人的目光，
只关乎你与我的篇章。
每一次言谈，
每一次交往。

它们只与我们相连，
关乎我和你的需要。
梦想共翱翔，

有关践行。
先是言语的流淌，
后是行动的绽放。

极少涉及广阔无垠的世界，
多聚焦于当下的瞬间。
在此，你我相遇之地。

面对面而站，
相对而坐，
或并肩躺卧。

这一刻，
属于我们的时光。

为了携手合作，
为了彼此欣赏，
为了深情厚爱。
不困于昨日的忧伤，
不遥望明日的迷茫。

唯有此刻，
给予我们机会，
见证感受。

你在我中找你，
我在你中找我。

如前所言，
这一切与他人何妨？

大多时刻，与他人无关。
它总是围绕我们，
而且如此深刻绵长。

归属意愿

上小学时，我们学校里有两个女生小团体，领头的都是又帅又酷的女孩。她们总是戴着最惹眼的发夹，穿着最漂亮的T恤衫。能成为其中一个团体的一员，便是一种无声的宣告：我很酷，我有一群强大的后盾，谁胆敢挑衅我？

大家也知道，在这个群体中，意味着等待你的是最激动人心的探险，而那些探险都会是精彩的活动。

随着年纪的增长，我周围也有其他小群体。那些小群体的原则跟上面相同，只是名称不同而已。曾经的发夹变成了如今的派对，迪斯科舞厅的狂欢取代了儿时的游戏。在这样的社交场合中，每个人都知道你的名字。

在上面这两个阶段，我的表现都很糟糕，更像是一个旁观者。我从未真正融入过任何一个女生团体，也没有一个固定的社交圈子。曾有一段时间，我真的十分苦闷，眼睁睁地看着青春岁月渐渐流逝，缺乏真正激荡人心的冒险行动。我为自己缺乏归属感而难过，不断地询问自己：如果我属于那里，一切又会是什么样子？我茫然不知自己该如何去争取。究竟是什么原因让我无法踏入那些光彩照人的圈子？尤其是在青春期这个特殊阶段，这些疑虑和挣扎显得十分沉重，压得我喘不过气来。仿佛身体的变化还不够困扰我，内心世界也在翻天覆地、疯狂地运转着。

关于归属感这件事

生物学告诉我们，人类本质上是群居性动物。这暗示着，对于生存而言，重要的是不要独自在荒野中闯荡，而是需要一个族群作为我们的后盾。族群不仅为我们提供了抵御攻击的保护，还便于我们寻找食物。为傍晚扎营准备食物时提供支持。更不用说在分娩、抚养孩子以及面对死亡等关键时刻了。融入社区，意味着我们可以从烦琐的日常生活中得到解脱；而被排斥在外，则意味着每一天都必须为基本的生存而挣扎。

如今，人们不再需要像古人那样四处迁徙。我们可以选择自己喜欢的地方，伸出触角，扎根生活。更为重要的是，在觅食的过程中，大家不再需要担心遭受袭击甚至是死亡的威胁。过去的几个世纪里，许多事情变得更为便捷，生活的可能性也更加丰富多样。

然而，人们对归属感的渴望却依然存在。

没有人真正愿意独自一人。人们渴望与志同道合的人分享自己的经历和感受，希望在困境中得到支持，在悲伤时得到援助和安慰，在欢乐的时刻有人分享喜悦和欢笑。归属感是心灵的慰藉。但问题是，我们该如何去追寻这份归属感呢？是需要主动采取行动？还是它会自己找上门来？

不必不择手段

当我第一次怀孕时，参加了分娩准备课程。这是许多准妈妈的共同选择。那时，我内心充满了强烈的不安，可是，还有什么比跟处境相同的人交流心得和建立联系更好的呢？于是，我开始探索一个可以分享生活点滴、喜怒哀乐的空间。更重要的是，在这里能够结识到真挚的朋友，因为大家都有着相同的境遇，自然而然地拥有某些共同话题。

就这样，我和其他准妈妈们聚在了这个房间里。怎么说呢，这里的氛围让我想起了学生时代的操场，既有自信满满的“酷妈妈”，她们对所有问题都有答案，在我眼里，她们散发着干练的光芒；也有那些孜孜不倦、如饥似渴地吸收着新知识的准妈妈。而我，虽然渴望成为其中的一员，却有些不知所措，不知道如何融入这个圈子。

为何会这样呢?

因为我就是我。我不会因为某位妈妈知道我一直在寻找的答案，就发出夸张的赞许。更不会为了迎合场合而提问，只是为了让对话能够顺利进行下去。

时至今日，我仍然会遇到一些女性，她们竭尽全力想要融入某个团体，却未曾深思这是否真正符合她们的内心需求。她们扮演着某个角色，尽管内心深处可能对这些角色所附带的责任和义务感到不屑，她们也依然继续扮演。她们所建立的友情，似乎更多是为了迎合他人的期待，而非满足自身的渴望。对于她们而言，归属感的重要性不言而喻，但在整个游戏中，她们却忘记了一个人：自己。

我渴望归属——不过是归属于我自己

是的，我也时常感受到一种强烈的归属渴望，仿佛愿意为此付出一切代价。于是，我尝试融入那些并不感兴趣的话题，参加那些无法点燃我热情的活动，甚至品尝那些并不合我口味的食物。然而，每当我发现自己身处这样的环境，内心总会涌起一种莫名的笑意。这是为何呢?因为我逐渐意识到，这些外在的追求并不能真正满足内心的渴望。这些人，这些活动，虽然能带来短暂的热闹与喧嚣，却无法触及心灵深处的需求。

归属感，归根结底，是与自我紧密相连的。如果内心存在抵触，那么无论我如何努力融入，都无法真正感受到归属。而如果不了解自己，就无法与他人进行真正的沟通与交流。

在这里，给你几条建议供参考。

- 在寻求与他人交流之前，先与自己的内心对话。
- 倾听你的直觉、你心灵深处的声音和你的感知。它们为你指明方向，并且这种指引（几乎）总是准确无误的。

- 并非所有外表酷炫的女孩真的那么酷。我们每个人都有自己的故事，有些人扮演自己渴望成为的人，仅仅是为了掩盖内心的不安和脆弱。
- 坚持做自己。这一点本身就足以让这个世界变得更加美好。

在我们深入探讨“走出女性盒子”的15个步骤之前，我想先澄清两个常见的迷思。首先是关于完美的日常规划，其次是关于积极的思考方式。这两者都承诺能够带来迅速的进步，但实际上往往难以实现。越早明白在成长的道路上没有捷径可走，你就越容易取得真正的进步。同样重要的是，要认识到生活不仅仅是寻找捷径，而是要充分体验和珍惜生活本身所提供的各种可能性和经历。

接受生命的馈赠

我们的生活常常被安排得满满当当。一个预约紧接着另一个预约，而晚上还有琐碎的家务在等待着我们。如果中途因为有人生病或者交通堵塞等突发状况，打乱了原本的计划，我们就会心跳加快，手心冒汗。面对这种情况，我们不是选择深呼吸、平复心情，而是急于重新规划，思考怎样才能弥补因变故而错过的预约。更为遗憾的是，当我们有了意外的空闲时间，想到的往往不是停下来享受一杯咖啡，抬头仰望一下美丽的天空，而是思考着，如何利用这段突如其来的空闲去完成其他的工作。这是不是有些本末倒置？当生活慷慨地赠予一个喘息的机会时，我们不但没有抓住，反而要急匆匆地赶往下一个“工地”！这是为什么呢？

我并不是反对优化时间管理，但忽视自己内心的声音是对生活的一种漠视。

有时候，我们会因为生病或者迷路而错过了某个预约。但这又有什么关系呢？这时候，我们应该“松开油门”，深深地吸一口气，短暂地享受这一刻的宁静与自由。在规划下一次约会时，不妨从一开始就为自己预留出一些缓冲的时间。这样，生活将不再那么紧张，脖颈上也不会长红斑，我们甚至能感受到阳光在脸上温暖的跳动。

积极思考纯属徒劳

我钟爱日历上那些格言。它们如此美丽又俗气，却常常蕴含着真理的微光。我喜欢那些积极向上的想法，用它们来充实自己的大脑。这种积极的力量，总能将我的视线引向美好的事物。即便在看似缺少希望的困境中，我依然能保持这份积极与乐观。然而，这份心态并非一蹴而就，而是经过岁月的磨砺与修炼才逐渐养成的。这与那种“只要我积极思考，一切问题都会迎刃而解”的想法关系不大。

想法与情感之间的联系，早已被无数事实所证明。这常常引发激烈的讨论：究竟是哪一个先出现，又是哪一个导致了另一个？是想法触发了感受，还是感受催生了想法？

我坚信，身体的感知始终是最先被触动的。每一种感受，都必然与某种想法紧密相连。为何如此？因为感受是非理性的，有时甚至是难以说清的。然而，作为人类，我们总想有个说法，解释内心所发生的一切。因为他人无法看到或感受到我们的内心世界。为了更好地应对未来，我们似乎需要再次经历那些情绪上的跌宕起伏。如果没有恰当的词汇来描述自己的决定和行动，我们又该如何向他人解释呢？仅仅说我们是在倾听自己的感受，这对于外界来说是难以理解的。甚至有些时候，自己也难以说清内心的纷乱。在现实中，当站在讲台上脸红心跳、口干舌燥时，这便是紧张了，因为修辞学老师就这么告诉我的。同样，如果部门经理不喜欢我的方案计划书，我会感到双腿发软。长久以来，我把这些反应称为不安全感与恐惧。

人们习惯为特定情境下的身体反应寻找表面的解释。每一种感受本质上都是中性的。只有那一刻的解读，才会赋予它们正面或负面的意义。举个例子，你可以通过以下情境来体验：坐过山车时的心跳，往往将其解读为兴奋与激动；相反，在抢劫银行时，把同样的症状说成是恐惧。

这种对比绝不是轻视或贬低体验，而是想阐明一个观点：相同的身体感受，在不同的情境下，我们会有截然不同的判断。

让我们再回到积极思考上来。这种思考方式在于，试图迅速转变不良情绪，引导我们朝向更积极的方向。通常借助使用肯定性语言来实现，将关注点转移到更美好的一面。理论上，随着时间的推移，负面情绪会逐渐消散，注意力会重新聚焦于积极的事物。

这种方法并非捷径，甚至谈不上积极。采用这种方式，仅仅是在驱散消极的想法和情绪，而这些负面情绪很可能在某个晴朗的日子里蛮横地卷土重来。

仅凭借一句朗朗上口的谚语，来粉饰快乐、欢笑与满足感，并不会让悲伤、恐惧和羞愧瞬间消散。它们依然深藏在心底，只是暂时被遮掩，无法立刻被看到或察觉。这意味着它们随时有可能重新浮现。实际上，这些情感正试图告诉你一些重要的事情。或许，不应再让父母夺走你表达自我的权利。或许，下一次公司会议时，应鼓起勇气，根据工作健康与安全法案大声陈述自己的观点；甚至闺密对你情感生活的微妙嘲讽，也同样值得深思。

面对这样的情境，我时常扪心自问：为何我们不能全然地觉察自己的每一种感受？为何在想要哭泣时，不能放任自己哭上几天？为何在毫无动力做任何事的时候，我们不能选择一整天躺在床上？这很可能是因为被媒体所误导，将生活想象成一个只有绚烂花朵而没有野蓟草的岛屿。我们只能欢快地跳跃着、唱着歌穿越这个世界，仿佛坏心情只属于那些所谓的失败者。

不过此刻，我想悄悄地告诉你：世上有野蓟花，它们自有存在的理由。世间万物，并无绝对的好坏之分，每一种存在都有其合理性。值得一提的是，野蓟花盛开时，展现出的是一种醉人的蓝色，而且，它们的刺比某些玫瑰还要少。

放手和重生

我放手了。

对那些自我和他人的期盼。
对那些曾令我沮丧之事。
对那些对我不友善之人。

我放手了。

关于我的种种想法。
对他人的种种看法。
那些沉重而繁复的思绪。

我放手了。

这是一场竭尽全力的挣扎。
艰难，且疼痛难耐。

带来伤痛。

在脑海，
在腹中，
在心间。

放手吧！

众人皆在谈论，
似乎每个人都这样做。

轻松自如，
无须任何指示。

由内而外，
我渴望放手，
告别那陈旧的过往。

然后我允许了：
所有的悲伤，
欢乐和痛苦，
如潮水般涌来。

让我感到头晕目眩。

这感觉太不一样了，
仿佛游走于两个世界之间。
我意识到，
这一切皆因我而来。

放手带来轻松，
这种感觉让人释然，
这是新事物涌现的唯一途径。

唯有放手，
我方能承接新生。

唯有当我真正放手之时！
感谢所有人，
陪伴我走到今天的人。

感谢我所有的梦想，
是你们引领我走到今天。

感恩，如此美好的一个昨日。
让我更加珍惜今日的放手与
重生。

同样，感受和与之相关的想法也是遵循这一原则。一切都有其存在的合理性，正如我们当时所真切感受到的那样。我们既不需刻意美化，也不需故意贬低。取而代之，人们应该去感知身体内部的微妙变化，去捕捉那些跃然而出的思绪。这样，才能真实且深入地探索自己的内心世界。从这个意义上说，我们是自己道路的阻碍者。

如果有那么一刻，你觉得一切都糟糕透顶了，请闭上双眼，感知自己的身体。其他什么都不需要，只是纯粹地感受。在这个过程中，不做任何评判。各种感受会像波浪一样自然地流淌过你的身体。

依我之见，最有效的方法就是持续地保持对身体意识的觉察，直到那种感觉再次消散（根据我的亲身经历，这有时需要几天的时间）。在此期间，你只需专注于手头的工作，无论任务是什么，做就是了。如果现在正思考如何进入积极的心态，那么我要告诉你，这需要你真正体验到不依赖于自身感受的境界。需要意识到，即便心中有悲伤和愤怒，你依然能够将注意力集中在目标上。

当我们拥有对职业、婚姻、人生的选择权时，内心怀疑与牵绊就接踵而来了吗

在当今社会，女性被赋予了多重角色和期望，而决定走哪条路的人是我们自己。我们可以选择将工作和婚姻相结合，也可以一个接一个地经历，这完全取决于个人的意愿。同样，我们也有权在工作和婚姻之间做出自己的选择。没人能为我们规划人生，这一切都需要我们自己来完成。为何如此？因为生命属于我们自己，责任也同样在我们肩上。当我们感到负担过重或要求过高时，往往是因为我们承担了自己并不想要或不喜欢的任务。我们没有尊重自己的边界和愿望，没有把自己放在应有的位置上。然而，如果我们不把自己当回事，又怎能期望他人来重视我们呢？

举个例子：作为一位年轻女性，你亲眼目睹了妈妈生育和抚养孩子的过程，了解了她的日常生活是什么样的。如果你觉得这并不是自己想要的生活方式，那完全没有问题。也许你希望先专注于事业，然后再考虑要孩子；也许内心充满了环游世界的渴望；或者你希望同时要孩子和一份工作。所有这些都是被允许的，只要你基于自己的自由意志做出选择。仅仅因为前人选择了不同的生活方式，并不意味着，你也必须遵循相同的道路来安排自己的人生。

第 3 章

开始你的解决策略

- 扔掉羁绊物
- 认识到你终究会离开这个世界
- 将改变看成积极的事情

你是否听说过，一只青蛙被放在一锅冷水中慢慢煮熟的故事？故事中的那只青蛙被放到冷水中，原因在于，假如一开始便将它放到热水中，它会因为水温过高而立刻跃出热锅。然而，通过这种温水煮青蛙的策略，水温的逐渐提升并没有引起青蛙的警觉。等到它终于察觉到死亡的来临，却已为时过晚了。

这个寓言生动地映射出，很多时候，我们也如同那只青蛙，身处这样的“锅”中而不自知。我们选择了一条看似平坦的人生道路，却没有察觉，还有其他诸多可能性。其他的路径，可能更适合自己。其他的分支，能带给大家不同的生活体验。其他种类的道路，提供给我们更广阔的可能性。人生本来就是丰富多彩的。

这简直让人难以置信。然而，由于一切已经习以为常，或者因为父母的好意，我们就过着现在这样的生活。尽管内心深处可能会觉得，生活中一定还有更多的可能性。但是，我们总是迟迟没有勇气去探索其他的道路，直到为时已晚。

“啊，别说了！一切都太迟了！”

但其实，一切都还来得及，从来都不会晚。人们总是有能力，也随时能去改变生活中的任何事情。一旦觉察到生活中存在问题时，我们就有机会去扭转局面。也许可以下定决心，第二天就递交辞呈；同样，结束一段感情，甚至预定搬家的货车。只需一个电话，生活就能重新开始。

我们往往被各种理由说服，认为这是不可能的。孩子怎么办？房屋贷款如何偿还？我所在的体育社团呢？邻居们会怎么想？父母又会怎么想？恐惧、失望似乎是在所难免的。

确实如此，是时候撕下伪装了。毕竟，生命也只有一次，正因为如此，我们应该去塑造它。按照喜好去追求自己真正喜欢的，而不是因为别人喜欢这样的生活。

这条路看上去有多艰难，战胜挑战后就会有多满意。你会发现，头痛将会减轻，孩子会更加轻松自在，而你会感到松弛和愉悦。

其实，距离你向往的轻盈生活，往往只隔着一个勇敢的决定。

第 1 步：扔掉羁绊物

婚礼上，红色的气球承载着美好的祝愿，被放飞到天空中。孩子的生日派对上，五彩斑斓的气球被巧妙地扎成花束，供孩子们玩耍；而在公司的重要庆典上，气球又成为精美的装饰。

然而，气球也有其棘手之处，那便是充气的艺术。如果充气不足，气球便无法升到空中，只能软绵绵地垂挂着。相反，如果充气过满，气球就会变得极度紧绷，稍有不慎便会瞬间爆裂。因此，每一个气球在平稳飘浮于空中之前，都经历了一段小小的冒险。

我们的旅程就像一只气球

气球如同生活中一个贴切隐喻。它象征着我们的追求与梦想，以及在现实与理想背离时的种种境遇。每个人都憧憬着一种轻盈自在的生活方式——就像一只气球，悠然飘浮在城市的楼宇之间。我们随风轻轻摇曳，无拘无束，没有被任何负重牵绊着。在高处，我们感受到被托举与安全，而下方的人们则投来羡慕的目光，向我们挥手致意。当他们瞥见我们时，脸上流露出又惊又喜的神色。仅仅因为存在，就能给别人带来美好时刻的感觉，实在太令人陶醉了。

是啊，谁不渴望拥有同样的人生呢？

然而遗憾的是，许多人并不觉得自己像只气球，反而更像是沉重的钢球。感受不到那份轻盈与自由，却像是被牢牢地粘在地面上，有时甚至被束缚，被某个人或某件物品所牵绊。结果，我们不得不追逐它们，而不是出于自己的渴望与意图。

像气球一样爆炸

如果我们渴望如气球般自由飘荡，那么就必须扔掉那些羁绊物品。倘若不这样做，我们便会如同一只充气过满的气球，终将爆裂。或许不会马上发生，但在未来的某个时刻肯定会。

许多女性依然将自己看作家庭的“守护者”，这意味着她们必须肩负着照顾每一位家庭成员的重任。她们要确保儿子训练时球衣洁净如新，女儿准时赴约，先生能专心于事业发展而无后顾之忧，年迈的母亲能够安全且准时地就医，家庭饮食健康均衡，自家花园整洁芬芳。

如果女性有意识地做出上述选择，值得称赞！你赢得了人生的大奖，继续过这种十分靠近梦想的生活。然而，遗憾的是，现实情况并非如此。我们中的大多数人过着的生活，并不是出于自主选择，而是觉得这是必须做的事。那么，为什么我们会有这样的想法呢？

因为她亲眼见证，自己的母亲过着这样的生活，并且母亲一直表示自己是幸福的。因为我们所处的社会，并没有想象中的那么自由与开放。

因为，有些男性在关系中期待并接受这种传统的角色分配。

因为，女性对他们的话深信不疑。

因为，许多女性认为，她们几乎没有机会去实现自己的梦想，而那些少数成功的女性，往往被看作特例中的特例。

因为，女性对自己的内心世界探索得还不够深入，对于真正感兴趣的话题和我们认为美好的事物，了解得还不够。因为我们常常觉得自己不配获得这些，因为害怕这样会显得自己很自私。说实话，谁会渴望成为那样的人呢？没有人。

时至今日，女性形象依旧被束缚在古老的观念中。这种现状简直令人哭笑不得。

已经踏入21世纪的今天，性别角色的刻板印象仍然根深蒂固。女性为了孕育新生命，往往不得不放弃自己的职业追求。女性为了营造一个自己的家，而舍弃了周游世界的梦想。孩子的降临，让女性无暇顾及自己的兴趣爱好，因为孩子占据了不少时间。而当伴侣晚归时，女性不得不放弃晚上的聚会，因为丈夫还饿着肚子。

的确，女性不可能拥有一切，至少不能同时拥有一切。然而，所有这些都有解决办法。保姆、个人责任教育和便捷的外卖服务，都是我们可以借助的力量。

如果女性能够更多地从这些解决方案中寻找出路，而不是一味地沉溺于自怨自艾和不切实际的幻想中，那么这个世界就不至于几乎难以忍受。

你怎么能像气球一样飘起来

你总能听到这样的观点：女性在自我崩溃之前，应当学会放手，为自己的生活腾出空间。正如那句俗语所说，如果想为生活中的新事物腾出空间，就需要舍得扔掉羁绊。然而，这一切该从何处着手？又该如何迈出这关键的第一步呢？

接下来我带来几点提议，简单易行，只要能持之以恒。你唯一要做的就是下定决心，为自己的生活开辟更多的自由空间。如果你还在等待那个“最佳时机”，那么我要告诉你：现在就是最好的时机。请即刻拿起纸笔，让我们马上开始吧。

首先请确保，自己处于一个舒适、轻松且不受干扰的环境。为了让自己更好地放松，可以播放一些钟爱的音乐，甚至准备一杯钟爱的饮品。如果你更偏爱在户外完成这项活动，那么不妨前往心仪的地点，或是在那里悠闲地散步。你越是能放松下来，越是能准备好心情，接纳新的可能性。

接下来，请做几次简短的深呼吸，平静心灵，然后依次回答以下问题：

- 无须过多思考，直接写下日常生活中最令你烦恼的事情。

- 迅速记录下那些能让你内心雀跃的事物。

- 详细描述你在什么情况下感觉最好，又在什么情况下感觉最差。

- 回想你的童年时光，你最喜欢的活动是什么，你最喜欢玩耍的是什么？你曾梦想过从事的职业是什么？

你可以一次性回答所有要点，也可以每次选择一个问题进行深入探究。答案没有对错之分，也不受任何人许可的限制，重要的是避免对自己的答案进行任何评价。同样，不要束缚自己的思维，随意写下脑海中闪现的所有想法。起初，这可能会让你感到些许不自然，因为我们习惯于不断地对自己的想法进行层层筛选。然而，一旦跨越了心里这道障碍，你将能够体验到前所未有的“啊哈效应”。

书写完毕后，请你深深地吸一口气，再缓缓地吐出。接着看看自己写了什么，运用了哪些词汇，现在感受到了什么，阅读这些内容时，内心又泛起了怎样的波浪。

记录的，是那些让你苦闷、束缚你的沉重话题，还是那些曾带给你欢笑、却未真正融入生活的轻松议题？换句话说，在这份清单上，你会发现那些可以扔掉的羁绊——打开盒子，你会觉察到那些被错过的时间段、太多的义务，以及那些消耗精力的人或事。白纸黑字会清晰地告诉你，在哪些时刻你渴望拥有更多，而哪些曾经的梦想已被你放弃了。如果你依然觉得现状并没有那么糟糕，说明做得还不错，那么请试着回答以下问题：

- 你与朋友或家人之间是否存在未解的冲突？

- 当某些特定情境浮现在脑海时，你是否会感到莫名的紧张或不安？

- 你是否有偏头痛、失眠、疲劳或其他身体上的不适？

- 在面对压力或压力过后，你是否会采取某些替代行为来寻求放松？比如暴饮暴食、借酒消愁、依赖烟草、沉迷电视或疯狂购物等。

这些行为反映出我们生活中的不一致表现。你的行为与内心真正的需求并不吻合。你的能量分配也是如此，没有得到最高效的利用。尽管我们可能深信自己不会轻易偏离人生的轨道，但必须承认，人的力量是有限的，无法像永动机那样源源不断地运转。

这项练习能够帮助我们将一直存在的问题可视化。同时，这份清单也是一个指引，让你明白从哪些方面着手，可以实现你渴望的改变。

所以，做一只飘浮在空中的气球吧，放下那些会让你感到压力和崩溃的负重。这样一来，你就能过上小时候梦想中的自在生活了。

第 2 步：认识到你终究会离开这个世界

我无法确切回忆起这句格言的出处，但我深知，这句话，对于如何生活有着举足轻重的影响。

“生命是有限的。你死亡的那一日终将到来。因此，竭尽全力，活出你足够的精彩。”

我逐渐领悟到，在日常的琐碎与忙碌中，我们感受不到生命的有限性，而恰恰是这种对有限性的恐惧，阻碍了我们去探索和理解它。

然而，死亡是无处不在的。只要死亡仅在荧屏上演绎，或仅发生在邻居身上，我们便能放心地将这个话题抛到脑后。毕竟，它不会直接影响到我们。但是，当某一天，我们第一次经历失去至亲的痛苦时，便被悲伤击垮。死亡突然间有了具体的面目和故事细节。回顾过去的生活，开始审视自己。这样的命运是否也会降临到自己头上？是会被过早地剥夺生命，还是会在这个世界上逗留得太久？是努力珍视这份生命，还是让它静静流逝？在死亡面前，这些问题似乎很简单。可是一旦死亡的阴影再次远去，那些思考和思维的火花也会随之消失。于是，我们可以将逝去的恐惧深藏在抽屉里，而它自身却跑不出来。因为直面死亡，实在是太可怕了。对我来说，无论是过去还是现在也没什么两样。然而，这背后蕴藏的清晰感是如此的强大有力。如果我们在每次争论、每次探讨、每次怀疑、每次决定时，都能深刻意识到生命的短暂与脆弱，那么便能很快知道自己该做什么。我们可以在哪里放弃、在哪里让步，或是允许自己做出全新的决定或是改变主意。如果从这个视角出发看待每一个挑战，便会发现，地球上的一切都是一场巨大的冒险行动。我们没什么可失去的，因为所做的一切都是为了追求内心的雀跃。我们应该珍惜每一个今天，摆脱他人的期待与束缚。不再将任何事情推迟到明天，因为无法知道是否有明天。同样地，我们也不会被过去所困，因为过去已经过去，不会再回来。当真正意识到自己的局限和生命的短暂，我们便能全然地活在当下。此时此地，才是唯一的归属和心安处。

第 3 步：坦诚面对自己

我经常注意到一个有趣的现象：有些人内心渴望着改变，然而他们做不到。对于其他人而言，改变似乎轻而易举，但对这些人来说，却总是困难重重。面对这样的困境，他们总能找出千万个理由来证明这一点。要么是孩子还太小，需要照顾；要么是房贷还没还清，现在还不是时候；要么，他们不清楚自己对未来的希望和期待。外加关于具体实施的想法，他们总认为行动起来并不那么容易。

然后可能说出这样的话："我想换一种方式来做妈妈，但这似乎不可能，因为……"或者"我一直梦想着移居国外，但这似乎不可行，因为……"仅仅从这些句子结构上不难看出，他们对自己多么不坦诚。首先，他们热切地表达了对改变的向往，然而紧接着，来了一句"但是……"。他们抛出了一个个让人瞠目结舌的想法，解释为什么改变碰巧在她们这里行不通。

这样的句式结构，实际上表明了两层含义。要么，她们对改变的渴望并没有想象中那么强烈；要么，她们的渴望仅限于某个小范围，而对于改变可能带来的未知后果，感到深深的恐惧。这两种可能性都可以理解。很多时候，这种表达方式无意间透露了，她们对寻求同情和关注的渴望。在这样的对话中，这个人往往被情绪所左右，甚至可能是她宣泄对人和情境不满的时机。然而，当谈话结束，她们仍需独自面对现实。遗憾的是，以这种方式表达出来的抱怨和顾虑，往往并不能带来实质性的改变。

我意识到，一开始，改变会带来痛苦。这可能是因为我们要颠覆熟悉的生活流程，舍弃喜欢的生活习惯，甚至可能终结某段关系。但问题的关键在于，你是否真心满足于现在的生活状态！这是一个必须明确回答的决策题，只能选择“是”或“不是”。一旦你的回答中出现了“但是”，那便意味着你对自己的决定还存在疑虑。更重要的是，这表明你对自己并不够诚实。然而，要过上自己真正想要的生活，必须做到这一点，对自己诚实。尽管这可能会带来伤痛，可能会让他人受伤或失望。但在这个世界上，只有一个人值得完全坦诚相待，那就是你自己！正如托马斯·曼（德国文学家，曾获诺贝尔文学奖）所说：“痛苦的真相胜过美丽的谎言。”

那么，如何判断自己是否足够坦诚呢？试着问自己一个问题，并且在回答时避免使用“但是”。你可能会感受到未知的恐惧和痛苦，但同样，也可能体会到截然相反的感受——快乐和兴奋。不论感受如何，最重要的是，你的回答必须清晰明了，无须任何额外的解释。因为所有的解释都是多余的，你的内心已经知晓真相。接下来的步骤，都源于内心的这份清晰感。

第 4 步：将改变看成积极的事情

“生命中唯一不变的就是变化。”

古希腊哲学家赫拉克利特的这句名言，历经千年的考验，仍然不失它的正确性。一旦人们深刻理解并真心接纳这一观点，生活中的任何波折都不会将我们轻易击垮，偏离人生的轨道。

然而，变化本身究竟意味着什么呢?

根据定义，变化是一个对旧有模式或行为进行反思，并随之做出相应调整的过程。有些人会选择暂时退后，审视自己的行为和当前状态，从而主动地经历这一过程。这通常来自他们内心的新追求，或者明确决定，要改变生活中的某些东西。随后，这些对旧模式的崭新认识将逐渐整合到他们的日常生活中，周围环境也会认识到这是一种改变。这个过程可能会引起摩擦，甚至可能造成与朋友或伴侣的疏离，或是更换职业和居住地。但由于这种改变是出于个人的强烈动机，因此，人们往往能够以积极的态度去面对接下来的步骤。尽管生活可能显得混乱，但人们依然能从正在经历的变化中感受到一种喜悦。

相反，有些人在经历变化的过程中往往是无意识的。比如，当外部环境发生剧变（如分居、离婚、失业、亲人离世）时，他们只能做出反应。

在这样的关键时刻，他们可能并没有机会主动行动，进行干预。他们唯一能做的就是被动应对。面对突如其来的变故，他们很可能会选择一种让日常生活得以继续下去的方式去应对。这样，他们才不至于在困境中崩溃。也就是说，他们几乎是被迫采取行动，这种情况可能会引起无力和无助的感觉。因此，这种改变对他们来说不是积极，倒是一种压迫。如果将来再次遇到变革，这些人往往会持一种抵触的态度。更糟糕的是，他们可能会停滞不前，极力避免任何额外的动荡。当我们更深入地探讨“变化”这一主题时，就不可避免地会触及时间的因素。

有些变化过程十分漫长，有些则快速完成。这其中的差异，既取决于如何应对改变，也与你的个性相关，更受到隐藏在改变背后的深层情感影响，甚至还有一些我们这些旁观者察觉不到，或者理解不了的因素。当今时代，我们生活在一个快速变化的世界中。只需轻轻点几下，几秒钟内，就能通过电子设备迅速订购晚餐或最新的电子书。家具、服饰等商品也可在网上轻松浏览并下单。不必等待很久，这也带来了一个问题：我们变得越来越不愿意花费时间去适应和接受变化。我们渴望立刻得到解决方案，期望离婚能在一夜之间完成，搬家只需一键操作，悲伤也能飞速消散。但遗憾的是（或许幸运的是），生活并非如我们所愿。它不是一部时长仅 90 分钟的故事片。因此，让我们放下那种“变化应该迅速且无声无息地发生”的期望，让自己充分地感受，去拥抱各种可能性。

最后且同样重要的是，你对变化的态度起着至关重要的作用。如果我能以积极的心态面对这一过程，对即将到来的事情保持开放的态度，那么就能够认识到我的决定所带来的机遇和轻松。在人生路上，我通过积极的体验汲取力量。因此，我勇敢而自信地做出更多决定，直到实现目标。这就像是一个变速箱，每一小步都紧密咬合，最终汇聚成一个更大的整体。

无论你目前正面临什么样的变化，它都将服务于生活。这是肯定的！演变让生活更加丰富多彩。自身的发展为我们创造了新的空间、新的机遇和新的想法。尤其是那些初看似乎能产生消极影响的情况，它们让我们接触到不愉快的感觉，甚至宁愿推开一切。这些情况让我们感到恐惧，挑战着自己的能力，迫使我们徘徊在各种可能性的边缘。然而，正是这些时刻——尤其是回首往事时——带来了新的、伟大的东西。这些前景滋养着我们，让我们更加坚定地走在自己的人生道路上。为此，你在开始时只需要一样东西：对变化拥有积极的视角。

改变你的语言，你就改变了世界。通过沟通交流的方式，为这个世界增添色彩。当选择积极、善意的话语时，我们就在为世界、周围环境和家庭播种美好的情感和正面的想法。或许，能引发对方的微笑，或是化解紧张的气氛。在这样的交流中，冲突得以平息，误解得以消除，同理心得以滋养。我们能够真正地觉察彼此，建立起深厚的联结。在这样的合作中，每一方都能获得成长与满足。

然而，如果选择使用消极的词汇，以冷漠或恶意的态度说话时，我们就在无形中让世界被负面情绪和恶劣的想法所充斥。这样做不仅会加剧矛盾，还可能让对方陷入悲伤和愤怒中。我们不仅没有共同成长，反而变得疏远，切断彼此之间的联结。

但请记住，在每次对话中，我们始终掌握选择权！

我们决定，旅程能走向哪里。决定深刻地影响着自己和周围人的生活，既可能是积极的，也可能是消极的。

我们可以调整语言，以更加欣赏和尊重的态度与他人交流。使用温暖善意的话语，说出内心跃动的感受。认识到此刻最重要的需要。去体会对方的感受，去思考他们现在真正需要什么，而不是简单地给出一堆自以为是的、所谓的聪明的建议。

允许选择，因此也有机会改变世界。让世界更加充满欣赏与理解，更加丰富。成为他人的支架，而不是对手。我们要让他人看到，和谐共处可以做到，人与人之间的交流和相处可以很容易。美好的语言能够激发美好的情感，冲突和分歧其实是成长的契机，不必是疏远的沟通方式。欢笑会受到欢迎，也有助于我们保持健康。

我们始终拥有选择权——不受时间地点的限制，包括语言、措辞，以及感受。改变或许会伴随着痛苦，舍弃陈旧的信念和行为模式，会导致焦虑和不确定性。坚守自己的沟通原则，也许意味着我们需要远离那些对我们产生负面影响的人，斩断不利的联结并结束关系。

同时，变化同样意味着建立新的关系，看到更长久的阳光。它让我们更加贴近自己的需要，更深刻地体会自己的感受。

选择权在我们手中，那么，你又会选择什么呢？

第 5 步：获得明晰感

即使已过了傍晚 6 点，我是否还能吃一块巧克力呢？

因为窗外细雨绵绵，我可以逃避今天的运动吗？

因为时间紧迫，我是否允许给孩子烤个冷冻预制比萨饼？

我是否可以告诉闺密，今天不想参加聚会了？

如果只想邀请那些真正亲近的朋友来参加家庭庆祝活动，是否可以不让其他人知晓——哪怕是我的嫂子？

如果我更偏爱裤子而不是套裙，是否可以穿着裤子陪同丈夫出席商务会议？我有这样的自由吗？

这些或许都是从内心世界里摘取出来的片段。这些片段对每位女性来说都有所不同。有的色彩斑斓，有的略显灰暗，有的静谧如水，有的热情如火。但不论内心想法如何，我坚信，每个女性都曾扪心自问：我被允许这样做吗？

首先，允许做任何你想做的事情。

- 去做那些能带给你快乐的事情；
- 去做那些让你感觉良好的事情；
- 去做那些你能承担起全部责任和后果的事情。

然而，往往在我们行动之前，限制性的思维和疑虑就已经在脑海中滋生。就像是在烹饪一锅美味的汤，想法却迫不及待地想要往里面加盐，以至于破坏了它原本的味道。

为什么会这样呢？

其中一个重要原因是，我们喜欢把自己与他人比较。我们会将自己与那些似乎每天多出 4 小时、总能顺利完成所有任务的同事相比；也会羡慕那些有影响力的网红，她们背着大包小包环游世界，在每一张照片中都能对着镜头轻盈地微笑。我们觉得自己不能这样做，因为年纪太大了，这样做并不合适。我们害怕邻居的调侃，更怕闺密们生气。最不愿看到的，就是有人对我们生气、伤心或者失望。感觉别人过得不好，是自己的过错——这种感觉真的让人非常难受。更重要的是，往往在头脑不清晰的时候向自己提问。我们不清楚自己想要什么，不想要什么。不知道自己想成为什么样的人，不清楚自己想在生活中体验和实现什么。这种缺乏清晰度就会导致问题的产生，而这些提问本应帮助我们获得更清晰的认识。然而，遗憾的是，在关键时刻，我们往往既没有兴趣也没有时间去明确地回答这些提问。于是，我们选择把提问推到一边，继续生活，像往常一样。然而，每当再次遇到类似的情况，或需要做出决定时，这些疑问就会再次浮出水面。而现在，我们可能会觉得这些提问非常讨厌，于是再次将它们推开。但即使把问题推得很远，它们也并没有得到真正的解决——只是被暂时隐藏了起来。它们会再次回来，而且通常更加快速。然后，我们经常被这些问题紧紧困住，不得不在紧迫的情况下迅速行动。也许只是澄清了当下，而并没有从整体上解决问题。

更明智的做法是提前准备。我们可以时不时地询问自己一些关于生活和生活质量的话题。如果暂时没有答案，不妨先记下个别要点，然后积极地去面对，而不是被动地等待事情自行解决。

下面三种方法，可以帮助你更清晰地认知自己的生活。

关爱你自己

女性当然愿意关爱自己。照顾孩子、家庭、闺密、宠物以及生活中的一切，这种关爱给了我们价值感，最终说起来，这也是要承担的责任，至少社会期望我们如此。然而，照顾他人时，谁来照顾我们呢？因此，在期待他人照顾你和你面对的困惑之前，请先学会自我关怀，主动承担起照顾自己的责任。你能够为他人做的事情，更能为自己而做。在关爱自己的过程中，别忘了定期停下来休息，给自己充充电。这样，当你继续为世界上的其他人付出时，才拥有更充沛的精力和更愉悦的心情。

你不必为他人的感受负责

这听起来很奇怪，但事实确实如此。每个人都有自己的情感体验，并在内心深处感受着。这意味着，尽管外部环境可能会触发我们的某种感受，但实际上，外部事件与我们的情感反应之间的联系，远比想象的要微弱。当我们被触发并立刻表现出愤怒或悲伤时，那其实更多反映的是自身的某些部分和期望，而不是完全由外部因素所决定。

> 举个例子，如果你的好朋友因为你取消约会而感到伤心，这主要是因为她对聚会的到来满怀期待。然而，你并不需要为她的心理状态、相关感受和期望负责，她才是那位负责者。反过来也是一样。假如你期待的一次聚会被朋友临时取消，你可能会感到失望甚至自我怀疑。但请记住，也是你的感知和想法导致了这些解释和判断。

遗憾的是，我们在童年时经常被教导，当妈妈或奶奶难过时，自己应该受到责备。可能是因为我们没有吃完饭或没有画出一幅画。又或者，让爸爸失望了，因为我们搞砸了上次的地理考试。这些观念在很小的时候就已经根深蒂固。随着年龄的增长，我们会感受到想要“取悦所有人”的内

思考

有时我遐想，我的生活，
还能更加精彩纷呈；
还能更加绚丽夺目。

有时我沉思，
是否潜能未尽，
未能奋力拼搏，
追寻那些尚未拥有的宝藏。

然而，我又从
思绪的迷雾中醒来，
环顾四周，发现
一切如此美好，
就像现在这样。

恰到好处，
我正站在心之所向。

即便计划曾经
不同。
我已与那些
对我有益之人，
紧密相连。
于是我意识到，
这不是我的想法，
它们时而为我
使绊子。

我也不是女性杂志
想说服我的样子，
不被它们定义，
什么对我最好。

在这些纷繁的想法中，
我寻找出路，
保持距离。
多数时候出色，
时而不尽如人意。

但这既不是坏事，
也不是值得怀疑的理由。
只是纯粹正常。
（假设还有正常这种说法。）

最重要的感悟是体验，
此刻的我与
周围的一切，
都是
理所应当的存在。

还有一项任务，不轻易相信
自己的想法。
将有趣的多彩报纸
收起来。
对想法提出质疑，
寻找答案。

哪怕这将耗费我漫长的时间，
直到走完
我在这世上的旅程。

在压力，而这些都是早年那些信念衍生出来的。

然而，你根本不可能取悦所有人！

为什么呢？因为你永远无法满足所有人的需要，这是行不通的。即使你竭尽全力去尝试，最终受罪的那个人也是自己。

所以，请记住：首先，要关注并满足自己的需要。追求梦想和目标，照顾你的感受。你越明晰，内心越平衡。

获得明晰感

深入思考并明确，你想要什么，你想成为什么样的人，你希望与哪些人在一起，哪些角色对你有益，哪些角色又在消耗你的能量。列出一份详尽的清单，记录下那些能够激发热情、让你愉悦的事物和人。同时，也请记下那些让你感到疲惫、拖累你的事情和人。积极的事情，要多做；有害的事情，则尽量减少。

对这两方面的了解越清晰，你就越能有意识地行动，并能轻松地回答这个问题："我允许这样做吗？"你不会再有愧疚感，也不会再感到压力重重，而是满怀喜悦，因为你清楚地知道，自己究竟想要什么样的生活。

第 6 步：建立决策的常规惯例

偶然一次机会，我发现了黄瓜水的妙用。尽管它几乎不可能是这个夏天的发明，但对我来说，它无疑是今年最有意义的收获。黄瓜水不仅口感清爽，远胜过乏味的白开水，更带来了诸多意想不到的好处。从促进排毒到改善肤色，再到消除口臭，它的功效真的太棒了！这样一种不起眼的瓜类蔬菜竟然有这么巨大的效果。

就像在炎热的天气里黄瓜水让你神清气爽一样，小小的选择也能美化生活。无论是少吃点儿糖，以便重新穿上心爱的裙子，还是在冲突中明确表态以避免事态升级，抑或是感受当下的每一刻，以便更深入地了解自己。其中一些小步骤看起来不起眼，实际上可能隐藏着某些误解，阻碍你。如果没有做的话，这对你和生活来说，无疑太可惜了。

决策习惯

你通常需要多长时间做出一个决定？决策依据是什么？是身体还是头脑？还是更多地依赖于他人的意见？

你可能不知道，每天用于决策的心理能量是有限的。当这种心理能量被耗尽时，我们就很难再做出明智的决定。这种现象被称为“决策疲劳”，并且已经得到了科学的证实。研究表明，做决策是一项极其耗费心理资源的活动。为什么呢？因为我们在做决策时，需要不断地权衡各种选项，筛选并放弃一些不合适的方案。大脑在这个过程中几乎一直处于紧张状态。更重要的是，作为人类，每天可用的心理能量是有限的。这种能量的多少受到多种因素的影响，包括年龄、健康状况、性格类型以及睡眠质量等。因此，很多时候，我们会发现自己在一天中的某个时刻，由于过度疲劳而无法做出经过深思熟虑和明智的决策。

这意味着，每当我们早晨面临多个选择（如选择早餐、着装、决定通勤方式等），决策能力就会被消耗一部分。因此，自己当天越来越难以做出决定。尤其是在夜晚或深夜，我们应尽量避免做出重大决策。科学研究证实，人们体内某些积极的激素水平下降，导致看待问题会更加黑暗。所以，在深夜进行的对话，往往难以达到令人满意的结果。为什么？这背后的原因是褪黑素的影响。褪黑素是一种促进睡眠的激素，它确保身体得到充分休息。褪黑素的分泌部分受到眼睛的控制，这意味着当光线照射到视网膜时，会抑制褪黑素的分泌，使我们保持清醒和警觉。相反，如果环境变暗，褪黑素的分泌就会增加，导致我们感到困倦。随之而来的是，身体机能减缓，决策能力下降。为了重新恢复清醒状态，我们需要另一种激素的帮助。

那么，解决方案是什么呢？

通过培养固定的行为习惯，我们可以避免在日常生活中不断面临新的决策。例如，确定一个固定的早餐菜单和通勤方式，规划好购物日程，提前做出那些微小的决定，而不必一遍又一遍地做出新的决定。结果，我们就有更多的精力和容量来面对生活中的重大决策，从而确保最终的结果更加理想。

头脑还是身体

从一个小调查开始：你在大型商场或是度假胜地，目光被某样物品深深吸引。这个物品好漂亮，你真喜欢。然而，就在你走向收银台的路上，脑海中涌现出一百个不买它的理由：太贵了，太便宜了，衣橱已经满满的了，再或者你觉得自己已经拥有太多东西了。于是，你最终选择将它放回货架，离开那家商店，甚至离开了那个地方，那个国家。但几周后，你感到悲伤，因为你曾那么渴望拥有那件好物品，可现在，没有第二次机会了。就像我20年前在西班牙度假时，错过了一对漂亮的耳环，那种错失机会的念头至今仍偶尔冒出来。

谁有过这样的经历？请举手！

现在的工作还算可以，但并不是让人心动的那种。你时不时地会浏览招聘信息。某天，一则广告吸引了你的注意。一切看似那么完美匹配，你却犹豫不决。毕竟，现在的工作也还算过得去。然而，当你几周后想再次查看那个招聘职位时，却不见了。一种失落和错过机会的感觉在心中蔓延。你不禁想问，这是唯一的机会吗？

谁有过这样的体验？请举手！

首次参观为孩子挑选的新幼儿园、学校或托儿服务时，你内心十分兴奋。周围的一切都是崭新的、未知的。然而，当踏入那座大楼，在初步的交谈中，在第一次体验那些不同的可能性时，一种莫名的不安感悄然而生。这种感觉难以言喻，似乎也没有什么理由。于是，你压制这种感受，不愿深究。但几周后，你开始对自己的决定产生怀疑。孩子对那里并无好感，甚至表现出抵触。你开始觉得那里的条件并不合适，与负责人的沟通也显得格格不入。

生活中有无数这样的事例，我们在第一时间就有了某种感觉，可惜往往选择不相信它。

这究竟是为什么呢？

因为普遍认为，我们不能仅凭直觉做出决定。因为需要具体、有效的论据来支撑我们的选择。但这些理由，很多时候其实是为了说服他人，而不是针对自己的。因为，假如我们能深入了解自己，倾听内心的声音，那么就能自然而然地知道自己喜欢什么，什么对自己最有利。这种感知几乎是本能的。它带给我们的常常是一种愉悦和轻松的感觉。这正是人们下一步应该追寻的。然而，人们总是想得过多，以至于在决策时沉溺于各种事实和数据。在这样做的过程中，不经意间压抑了内心的不安。

当然，在某些情况下，保持清醒的头脑必不可少。全面了解和评估各种统计数据确实对我们有很大的帮助。但除了理性分析，感觉也同样重要。如果理性和感性能够相辅相成，那岂不是更好？

我想说，很多时候，我们只需要那份好的感觉。只要感觉好，其他的一切都会随之而来。

第 7 步：关注沟通

说话的方式，塑造着我们所建立的关系特点。你不这么认为吗？现在，请跟着我做个练习。

先闭上眼睛，想象一下你正在和某人交谈——一个让你感觉非常舒适的人，一个带给你安全感的人。和他在一起，你能够毫无顾忌地展现真实的自己。请允许自己沉浸在这种相聚的氛围中，享受短暂的片刻。

随后，做三次深呼吸，短暂地睁开眼睛，接着再次闭上。这一次，请想象一个让你感到不太自在的人。和他在一起，你的安全感在降低，甚至伴随着一些冲突或烦躁的预感。请允许自己在想象中短暂地停留在这种场景里。

最后，睁开眼睛，再次做三次深呼吸。现在，请将注意力重新聚焦于此刻此地，与周围的环境建立连接。

接下来，我们反思这两种不同的情境：

最有效的方法就是拿起笔和纸，记录下你对以下提问的真实回答。

- 想到与第一个对话伙伴相处时，你内心涌现出哪些感受和对身体的觉察？
- 想到与第一个对话伙伴相处时，你能否坦诚地分享那些对你来说重要的话题?

- 面对第一个对话伙伴时，你是否愿意触及那些敏感的、可能引发冲突的话题?

接下来，我们要对第二个对话伙伴提出相同的问题。

- 想到与第二个对话伙伴交流时，你的内心感受和身体反应是怎样的?

- 想到与第二个对话伙伴交流时，你能否坦诚地分享那些对你来说重要的话题?

- 面对第二个对话伙伴时，你是否愿意触及那些敏感的、可能引发冲突的话题?

完成练习后，请对比你的回答，你发现了什么?

尽管我并不了解你的具体情况，但我推测，在第二种情境中，你可能不太开放，甚至在争论中躲藏在安全屏障的后面。事实上，当我们与某人相处融洽时，会畅所欲言，无所不谈，不怕说错话或被误解。我们感恩（欣赏式）能与这样的人愉快相处。然而，当与那些让我们感到怪异、紧张的人相处时，情况便截然不同。在他们面前，我们可能会变得拘谨，甚至伪装自己，只是为了不引起注意或招惹麻烦。

如果渴望摆脱会引起胃痛和心跳的日常对话，那么，留心言语就至关重要了。

这些听起来有多简单，多合乎逻辑，那么真正改变起来就多复杂、多困难。我们有必要先快速理解“沟通”一词背后的含义，以及改变对我们来说为什么如此困难。

什么是沟通交流

沟通交流是至少两个人之间进行的信息交换。发送者向接收者传递信息，并期待接收者能完全按照发送出的信息解码。当接收者回应时，角色会互换，接收者变为发送者。这表明沟通交流是一个循环的过程，涉及行动与反应，而不是许多人所认为的线性传递。

> 当生气的妻子离开房间，沟通其实并没有结束，只是被暂时打断了。为什么这么说呢？因为下次夫妻二人在一起时，正是之前沟通中断的地方。没有完成的内容会再次浮现，包括那些说出来的和没有说出的感受。
>
> 同样，当一个失望的孩子被安抚并送回房间后，晚餐桌上往往会继续之前中断的沟通。这意味着孩子还在失望的情绪中，现在甚至变得生气了，因为他感觉自己的声音没有被真正听到。面对这种情况，父母可能会再次感到难以忍受这个沮丧的孩子，并可能因此产生无力感、愤怒和烦恼等情绪。这常常导致餐桌上无法忍受的紧张气氛，最终以摔门而去和伤人的言语收场。

什么是舒适区

这是我们感到最为舒适和安全的区域，包括家中的沙发上、床上、静谧的森林，以及其他什么地方。此外，我们的活动场所也属于这片安全区域，比如工作环境、运动俱乐部，甚至是常去的心仪咖啡馆。在这些地方，我们熟悉人群、环境以及装饰，这种全方位的熟悉感赋予自己安全和确定的感受，使得我们能够发挥各种可能性。

什么是沟通舒适区

这个领域的特点在于，沟通者总是采用一成不变的沟通方式，比如反复使用某些特定词汇，保持一致的语调和重复相同的笑话。解决冲突的方式，要么沉默不语，要么无休止地争论；要么避而不谈，要么过度倾诉。沟通舒适区给人以安全感，因为沟通者清楚地知道：

- 怎么做才能被他人听到？
- 如何有效地解决冲突矛盾？
- 哪些情形能够轻松应对？
- 哪些情况应尽量避免？
- 倾听者在整个沟通过程中扮演什么角色？
- 如何对待他人的建议？

留在沟通舒适区还是离开

人类本质上追求安逸与便利。要放弃这种舒适感，必须有足够的推动力。这推动力多半来自重大变故，如伴侣分离、失业，或是身患重病，才迫使我们不得不采取行动。不知何故，虽然每个人都知道，不必等到灾难临头才寻求改变。然而，很少有人愿意未雨绸缪，提前采取积极行动。

假设在灾难来临前做一下盘点，比如：

- 哪些方面进展顺利？哪些方面存在问题？
- 我真正需要的是什么？这些需要是否得到了满足？
- 我最经常感受到的情绪是什么？
- 我们真的能有效沟通吗？

那最终的觉醒会更放松。

沟通时看起来是这样的：

- 在冲突中，我们反复使用某些词语，却没有意识到这些词语的伤害性。
- 悲伤时，我们往往只是闭上嘴巴，选择沉默。
- 听人说话时，我们经常分心发短信。
- 每次聚会，我们都习惯性地提出建议。
- 我们既没有觉察到自己的需要，也不善于明确表达。

显然，所熟知的东西给予我们安全感，无论事情对我们是有利还是有害，关键在于我们了解自己的行为模式。这些模式往往已根植在心中多年，为我们所熟悉。尽管那些导致冲突或损害生活的细节一再出现，但我们选择接受，这便是人们为安全感付出的代价。

这种安全感，使我们能够应对日常生活中的各种隐患，这是一件好事。精神分析创始人西格蒙德·弗洛伊德早已指出，这些机制对生存至关重要。他在多篇论文中探讨了防御机制和压抑，强调这些策略对于调解人际冲突、缓解精神状态的重要性。

如果你跨出沟通的舒适区会怎样？如果你尝试拓展自己的沟通边界又会如何？如果能放下手头的事，全心倾听他人会怎样？如果能克制提建议的冲动，而是去深入理解对方的感受会怎样？你是否能有意识地感知自己的情绪，并觉察它们背后的需要？你是否能以欣赏的眼光投向周围的一切？

我猜测，这样做会让你更深入地了解自己。此外，还会释放出一种积极的力量，影响与他人的互动。你会以欣赏的态度与人交流，重视他人的观点。你会准许自己感受的涌现，也能包容他人。对你来说需要不再是一个陌生的词语，你更愿意提出请求而非强硬要求。如果敢于跨出自己的沟通舒适区，你就有机会获得成长。不仅是为了自己，也是为了这个世界上的其他人。

构建新的沟通模式

认清自己的说话方式

要知道，每次沟通都构建了一种关系，无论对话的长短，无论双方是以前还是现在的伙伴。每次交流都意味着我们与对方进入到一种关系中。无论是爱情的誓言或者冲突的化解，还是商业或者私人对话。在每次交流中，我们都会展现自己，包括说话的方式、处理冲突的策略，以及满足自己需要的方式。同时，我们也向对方展示了如何觉察他们及他们的需要，以及我们是否真正关心和在乎这些需要。

意识到所处的关系，并反思自己的沟通行为，这是开启改变的第一步。正如“非暴力沟通”被誉为“生命的语言”，它不仅展示了如何促进和加强在一起的路径，同时也给出了与之相反的方式——那些破坏和削弱合作的可能性。

疏离生命的沟通方式

a. 道德评判

每当遇到与自己观念不同的人，看到他们的行为与我们的价值观不符时，我们往往会立刻做出道德判断，他们的行为不当或是别有用心。对与错、善与恶、正常与异常——这些成为评判和交流的准则。注意力被引导到分类、归类和剖析上，这样做实际上限制了视野。我们忽略了探寻对方真正的需求，不去思考他们可能缺乏什么，甚至也忽视了自己当下的需求，那些能让我们感觉良好、能消除内心不安全感的事物。相反，我们切断那些令人不适的感受，采用一种非黑即白的简化交流模式。

b. 比较

被标榜的理想生活和人际相处模式，总被教导如何生活才能快乐，然而这恰恰让我们彼此远离。

当人们常常不断地相互比较时，这种行为使我们渐渐丢失了自己的独特性。在不断攀比中，远离了真正重要的东西，背离了内心的价值观，也扼杀了可能出现的丰富多彩的人生多样性。

c. 解读和评价

在对话中，臆测对方此刻的想法和感受是自以为是的表现。同样，评判对方的言行也是冒昧的行为。我们既不是读心者也不是占卜师，任何想要这么做的企图都只会拉开彼此之间的距离。

d. 否认责任

每个人都必须对自己负责，既不能推卸责任，也不能转让。我们所说的每一句话，沉默的每一个瞬间，都是责任。每一个行动，每一次放弃，也都由我们承担；我们感受到的，或是选择忽视的情绪，这也由自己负责。他人无法替代，也无法为我们承担这份责任。

e. 用要求代替愿望

如果我们渴望获得支持，可以坦诚表达这一愿望。愿意伸出援助之手的人，可以自由选择是否帮助。不论决定如何，我都会对他们的倾听表示感激；如果遭到拒绝，我就会寻找新的出路。

实现愿望的另一种方式是把它作为一种要求来宣布。如果愿望没有实现，便会滋生失望与愤怒。这两种情绪极易引发冲突，引起不满。

接受现状

非暴力沟通创始人马歇尔·卢森堡说过："每个人在他生命中的每一刻，都在做出他此刻能做的最好的行动。"因此，请允许你把目光投向自己吧。

在这种情况下，最关键的是接受现状。没有"如果"也没有"但是"这样的假设，不评判，不谴责。我们只需认识到，人们当前的说话方式，以及产生的可见的影响。承认这种沟通方式不利于和谐相处，接受过去人们是这样交流的，并期待未来会出现新的沟通模式。

改变一小步

如果你多年来一直这样沟通，那么要改变这种习惯需要一段时间。改变不会在一夜之间发生，也不会无缘无故地发生——你必须主动采取措施。最有效的方法是小步开始，在可控的环境下练习。观察自己的想法，同时避免自我批评。留意你在想什么？刚才说了什么？夜晚时分，回顾一下你白天的言语和非言语交流方式。哪些话语伴随了你一整天？观察哪些人能让你轻松地运用新的思维和语言模式，哪些人则不能。如果进展顺利，不妨给自己一些赞许。即便没有想象中的那么好，也要对自己保持耐心。

第 8 步：送出欣赏

尊重是交流的一种基本态度，体现在日常言行举止中。尊重是一种可选择的价值观，取决于我们每个人有多坚持或者不坚持。尽管对它有不同的诠释，然而定义始终相同。有一种描述是这样说的：尊重指的是对另一个生命体或机构的欣赏、重视和敬仰。若追溯起源，“尊重”这个词源于17 世纪的拉丁语“respectus”，翻译过来的意思是：回看、回顾和考虑。

我也找到了自己的关键词：欣赏。它听起来并不“高大上”，既朴实又可实现。这是一个通俗易懂的词汇，无须翻阅字典就能理解。如果你仍想了解它的具体含义，搜索引擎会给出如下解释：“欣赏是对他人的积极评价，源自内心对他人的总体态度，涉及一个人的整体，他的本质。即使行为和成绩影响对一个人的主观评估，乃至尊重，又与这些无关。欣赏与尊重、善意和认可紧密相连，表现为关心、感兴趣、关注和友好。”

欣赏具有极高的价值。正如我以欣赏的态度对待自己，也同样以欣赏的态度对待他人。因此，唯有自己先付诸行动，才能期待他人的欣赏与尊重。然而，这行动却是要从我做起，我必须先给予自己那份期待从他人那里得到的欣赏。当某一天过得混乱无序，我会选择原谅自己。当我能掌控自己的想法，不再因犯了某个小错而自我贬低。哪怕内心悲伤得想哭，当面对镜子我依然能微笑。当辛勤付出做成某事后，自我赞赏；当我在面临巨大阻力时，依然能坚定地做决定。

好像这还不够。对于那些从未体验过欣赏，或是不了解欣赏的含义，甚至无法想象如何通过欣赏进行有效沟通和相应行动的人，我该如何回应呢？特别是当双方持有不同的价值观和观点，而且交流方式并不是那么相互尊重时，我该与他们深入讨论，还是尝试教导他们？这也是欣赏吗？

如何送出你的欣赏

完全独立于任何外在形式和规范，纯粹地欣赏你作为一个人生存在这个世界的价值，这感觉真是太棒了。据说生而为人的概率是四百万亿分之一。而你，此刻正坐在这里，阅读着手上这本书，这是多么令人惊叹的奇迹啊！看看到目前为止取得的成就吧。如果你觉得自己一无所成，那就拿张纸，从学会走路和说话开始，记录下所有的成长和进步。

同时，也要学会欣赏他人的价值。原因很简单，因为这个人正在那里，尽自己的全力，过好每一天。对他微笑，倾听他的故事，尽你所能给予帮助。我们无法了解每个人的过去，不知道他们为何悲伤，或者为何羞涩。因此，让我们以友善的态度，送出欣赏之情吧。谁以欣赏之心交流，谁就不会说教，也不会随意评价。

留心说出的话，言语可能成为武器。特别是在冲突中，相互欣赏的言辞尤为重要。每次对话都是创造新机遇的契机，而且你的对话伙伴也在为你付出时间。所以，你们才能进入对话状态，交换意见和有关看法。

最后，我想分享一个观点。欣赏是一种内在的态度，它如同一个坚实稳固的扶手，在遇到不如意时给予我支撑。这个扶手越稳定，我对它就越熟悉，也就越能轻松地与他人相处，而不带任何期待。这让我能够不依赖他人的赞赏来塑造自己的生活，因为我能自我给予。

不能只期待他人给予，你需要准备好自我满足的东西。

品质和数量，这两个重要的词汇，其含义往往被低估，特别是在讨论关键议题时。对我来说沟通至关重要，欣赏也十分重要，这引发了一个问题：这两个词之间存在什么联系？

品质至关重要——这一点和其他领域一样

在购买新产品时，我们会查阅评论，仔细研读各种数字、数据和客观描述，收集充足的信息，从而对产品质量有一个客观全面的了解。我们愿意投入时间和精力来完成这一过程。之后，我们会在保修期内测试产品的质量，以便在不满意时能够及时更换。品质，始终是我们重视的焦点，无时无刻，无处不在。

那为什么不将这样的品质观念应用到沟通领域呢？

平均每天，人们会说出约 18000 个单词，这个数字会因性别有所差异。这些词汇中，有些是对自己的表达，比如“我必须”“我应该”“我允许”“我可以”“我想要”。有些是向子女、配偶、同事和邻居传递的信息，如“你必须”“你应当”“你允许”“你可以”“你想要”。还有那些与面包师、同车旅客、快递员的轻松闲聊。

语言可以是武器，具有强大的力量。语言反映了人们的态度和价值观。人们越留心自己的言语，就越重视与自己交流的人。如果人们以欣赏的眼光看待自己和他人，那么每一句话都会流露出这种欣赏。价值观和“价值欣赏”决定了我们传递信息的质量。然而，言语一旦出口，就如泼出去的水，很难收回。我们没有机会像商品那样，在担保期内退回或者换回自己说出的一连串词语组合。

说出去的，既是嘴巴说出口的，也是耳朵听到的。一旦交流内容让对方感到惊讶、受伤或恼怒，我们只能在事后尝试纠正或解释。因此，沟通的质量十分重要，它既能稳固现有的关系，也可能导致关系的破裂。既然无法替换已经说出口的话语，唯一选择就是：从一开始就保持谨慎和欣赏的态度。

不要低估数量

除了注重品质，也不可忽视数量，即某种东西的量。

在沟通交流中，质量背后隐藏了字数、句子的长度和句子结构。话多并不一定表明有很多话要说。寡言也不意味着内向。字数并不能直接反映内容的丰富程度。

词语的力量是巨大的，这种力量无处不在，无时不刻不在发挥作用。而词语的效果并不与使用的数量直接相关。一句简短的“谢谢”就足以让人心生甜蜜，温暖一整天；相反，一个恶意的眼神或一句贬损的话语，却能带来截然相反的负面效果。

那么究竟什么更重要

表达欣赏并不在于你使用了多少字数（即沟通的数量）。无论是简短的几句还是长篇大论，都能传递出你的欣赏之情。

欣赏是交流质量的反映，它展示了你在互动和对话中最看重的东西。对方能够敏锐地捕捉到这一点，并据此作出相应的回应。不要因为每天可以使用近 20000 个词，就觉得必须全部用完。注意选择的言辞，确保它们能够真正体现出交流中的价值观。要深入自己的内心，去感受话语是在促进团队凝聚力，还是在破坏它。同时，也要注意观察对方的反应。如果你感到不确定或是失望，那么现在就是提问的最佳时机。询问对方理解了什么，了解哪部分信息可能造成了伤害，然后及时纠正误解。

即使在沟通中没有明确的担保条款或交换权益，我们仍然可以与对方一起行动。我们可以重新措辞，这样，我们就能利用这个机会，以确保话语能够如自己所愿地被对方接收和理解。

你知道“三道滤网”的故事吗

这则逸事表明了高品质沟通的重要性。

有人跑来对智慧的苏格拉底说：“听着，苏格拉底，我有件事必须告诉你！”

“慢着！”苏格拉底打断了他，“你要说的事，经过三道滤网的筛选了吗？”

“三道滤网？”来人惊讶地问。

“对的，朋友，三道滤网。首先，第一道是真相滤网。你要说的，有没有检查过都是真的？”苏格拉底问。

“不，我听人说的，而且……”来人回答。

“原来如此！那么，你肯定用了第二道滤网过滤。它是良善的滤网。你要说的，是善意的吗？”苏格拉底继续问。

来人犹豫道：“不，正好相反。”

苏格拉底点了点头：“那我们就用第三道滤网吧——必要性。你要说的，是必要的吗？”

“也不是非说不可。”来人承认。

苏格拉底微笑道：“既不真实，也非善意，更不必要，那就让它随风而去吧，别让它成为你我的负担。”

第 9 步：了解自己的价值观

“谁有价值观，谁就有价值。”多么带有挑衅性的一句话。然而，它反过来或许也暗示着，那些缺乏明确价值观的人也许并没有真正的价值？更重要的是：究竟什么才是有价值的？这种价值又是由谁来界定的？此外，价值观究竟意味着什么？而这一切，与女性挣脱羁绊、走出“女性盒子”又有什么关联呢？

价值观，顾名思义，指的是值得追求的特质。同时，价值观也体现了行为准则和道德品质。举个例子：作为一位素食主义者，我有意识地选择不吃肉。因此，在我的饮食价值观里，水果和蔬菜相较于动物性食品，更具营养价值。另一方面，由于我喜爱动物，因此拒绝食用它们。我的性格中融入了健康饮食和动物保护的理念。同样地，如果友善是我看重的，那么这就是价值观，我每天都践行，并用微笑传递。如果欣赏是我所珍视的，我会以欣赏的态度进行沟通，避免对他人的评判或过度解读。

价值观是如何产生的

假设我们能在商店里轻易地购买到包装精美的价值观，那生活将会简单许多。想象一下，一袋友善，一包欣赏，还有一麻袋对守纪律的尊重，任君挑选。然而，这样的商店并不存在。价值观来自生活经验，无论是亲身经历的还是间接获得的，共同塑造了我们与他人相处的方式。所见所闻，尤其是他人的行为，都在潜移默化地影响着我们。父母是第一任价值观导师，而老师、培训师、朋友等也在价值体系中留下了深刻的烙印。即便我们并未有意识地去处理这些影响，它们也或多或少地指导着行为，且每次都会产生一定程度的影响。因此，厘清这一过程对我们十分有益。只有意识到自己的价值观，我们才能更清晰地运用它们，更准确地传达它们，从而更积极地影响自己与他人的互动方式。

谁有价值观，谁就有价值

从根本上说，持有明确的价值观仍然是一件好事。人们往往容易将守纪律误解为严厉，将勤奋与傲慢混为一谈。拥有价值观，意味着为自己设定了界限，这有时会让人感觉不自由。这些界限可能来源于外界的评价，或是我们自己的主观臆断。然而，许多人都低估了一个重要的事实：只有当我们真正了解自己的价值观时，才能获得真正的自由。我不知道为什么会这样，为何人们会从负面的角度来看待价值观，而不是去发掘它们背后的巨大潜力。

价值观的价值何在

价值观的可贵之处在于，它能够赋予我们稳定性，并积极支撑我们的人生道路。如果我明确自己的价值观，便能坚定地按照它行事，无须遵循他人的规则，无论我是否认同他们的价值观。同时，拥有明确的价值观也意味着我能够自由地发展，因为不必在每种情境下都去重新审视什么对自己来说是重要的。在这些关键时刻，可以依据自己的价值观果断行动，从而腾出更多时间去做其他有意义的事情。

举个例子。

我的价值观是欣赏。为了表达对他人的赞赏，我在交流中不做评判。假若在与人交谈时，对方的话语触动了我，并引发了原有的判断，此时有两种选择：

不带欣赏：会直接阐述我的个人解读，这样做可能会引发激烈的争论，最终以愚蠢的话语争论告终。

带有欣赏：敏锐地捕捉到自己的评价，向内微笑，把它们暂时放到一边。这样，便能充分地投入到与谈话伙伴的交流中，有机会倾听到一些我从未了解过的见解。这种方式不仅有助于更深入地理解对方，还能为对话增添丰富的层次。此外，它也给予了我重新审视和调整自己判断的契机。由于对话内容是滋养的，我与对话伙伴之间的关系也因此变得更为积极融洽。

除了价值观所带来的积极影响，也存在一些负面的案例。有些人会贬低他人，因为他们自认为是在维护正义与秩序，甚至高呼蔑视他人的口号。他们的行为如此残酷，以至于言语都难以表达。这些行动令人愤慨。

在谈论价值观时，我们也不能不提非暴力沟通。这些人，就像你和我一样，拥有自己的价值观。但不幸的是，他们选择了极其错误的方式来践行这些价值观。暴力永远不能成为实现自身价值体系的手段。这是绝对不可接受的。

哪种价值观最为重要

显然，是你自己的！

你的价值观就是当前能为自己创造的最大价值。它描绘了你的生活方式和行为准则。唯有依据自己的价值观，你才能实现梦想和愿望，而非依赖他人或我的价值观。你的价值观深刻影响着你与他人的交往方式，包括沟通、冲突以及争论方式。

为了帮助你更清晰地认识自己的价值观，以下是一个简短的练习，通过 10 个提问引导你深入探索自己的价值观。因为你对自己的价值观认识得越清楚，行动和交流就会越坚定和明确。

关于价值体系的 10 个问题：

- 你的核心价值观是什么？
- 这些价值观是如何形成的？
- 有哪些人或哪些经历塑造了你的价值观？
- 你在什么情况下会践行这些价值观？
- 你会与他人分享你的价值观吗？包括你身边的人或其他人？
- 你会为你的价值观辩护吗？
- 你的生活方式是否与你的价值观相符？
- 你会如何与他人沟通你的价值观？
- 你的价值观是否清晰明确？
- 你所坚持的，是自己的价值观，还是其实只是活在别人的价值观里？

你了解你的自我价值吗

“我爱我自己。”你能坦然地说出这句话吗？“我爱我自己。”试着用不同的语气去表达它。

“**我**爱我自己。”

“我**爱**我自己。”

“我爱**我自己**。”

如果你觉得说出这些句子轻而易举，那我真心为你感到高兴，你不需要再阅读接下来的内容了。但如果你觉得难以启齿，请不要气馁，继续尝试。我有一份特别的礼物要送给你。

自爱源于自我价值

“自爱”与“自我价值”，这两个词汇似乎到处可见，然而它们所蕴含的深层含义却常被忽视。这两个词语都是名词，可以转换为动词：“真正地爱自己而且意识到自己的价值。”两者都表达了我们对自己的看法、对自己的评价，展示了我们是如何看待和想象自己的，以及我们对自己有什么基本假设。这意味着，我们两者都做。每天如此。

要么我们爱自己，要么不爱。要么我们给自己正面的评价，要么负面的。这些感受和评价，如同潮起潮落，贯穿在我们每天的生活中。

> 我为孩子们准备早餐，看到他们欢快的笑容时，我心中涌起了巨大的满足感，我感觉棒极了！我的自尊心油然而生。
>
> 午饭前，我想吃一块巧克力，不止一块，而是把整条都吃下去了。我的胃里有一种饱胀感和不适，让我心情沮丧，我开始自责，自尊心受挫，甚至在照镜子时都难以面对自己，自爱感也消失了。
>
> 整天都是如此往复，不知不觉且速度惊人。然而，这场心理游戏却暗藏一个陷阱。

自我价值与外部价值

你应当清楚：“你很棒。你足够好。你具有价值。”我知道许多人会这么说，尤其是教练、治疗师等专业人士都这么强调，可是在日常生活中，说这些话的人还是太少了。这句话需要不断地重复说，因为我们往往在无意识中忘记了它。这种遗忘可能源于童年时期的某些经历，或是学校里听到的一句蠢话。这些微小的事情深深刻印在内心和潜意识中。对其中的某些我们几乎回忆不起来了。我们只是感到诧异，为什么别人能比我们展现出更多的自信。

其他人之所以看起来更强大、更有力量，是因为他们深知自己的价值，并由此感受到无比的自爱。这种自爱，不是自我陶醉或者自恋。

我所指的，是内心深处那份珍贵的自爱，那份对自身有益的情感。它是一种源自腹部周围还有上面心房里的愉悦感。这份强烈的自信让我们深信，一切都如此美好，我自身就很好。正如我就是我自己，而不是其他任何什么人。更重要的是，无论外界环境发生了什么变化，我们都会拥有这样一种感觉。

然而，问题的关键在于，我们常常在错误的、找不到的地方寻找这些感觉。

常常误以为，只有当我们做出某些成就并因此获得他人的赞美和认可时，我们才会喜欢自己。比如，当我们坚持节食并赢得其他女性的赞叹时，才会感到自己的价值。又或者，当周日烹饪的烤肉大餐香气四溢，先生迫不及待地品尝时，我们才感受到被爱。毫无疑问，这些都是很棒的、值得欣喜的时刻，可是都与自我价值和自爱无关。因为这些都是基于表现和成就而得到的评估，是外部价值，也就是其他人对我们的看法，对我们的所作所为而出现的反应。

当我们赢得掌声时，这无疑是一种美好的体验，它可以为情感电池充电。但问题是：当掌声退去，当没有人再为你欢呼和鼓励时，你会有何感受？当你独自一人在家时，内心又是怎样的？

这正是自爱，还有你的自我价值发挥作用的时候了。无论别人对你的看法和评价如何，这两样东西都会到来。只有自己，才能推动这两样东西向前移动。与其他任何人无关。

自我价值感和自爱来源于自己做

现在，可能会问自己一个问题：那么，如何才能做到自爱呢？

在探寻解决方案之前，我们让时间倒流一会儿。世间万物皆有本源，这个话题也是如此。

小时候，我们对自己怀有无尽的自爱。这一点可以从孩子们毫无顾忌地大声唱歌看得出来，不在乎音量和音准，他们征服舞台，尽情展现自我。因为他们喜欢创造，爱自己。这种孩童般的自在状态往往会随着我们意识到他人的评价而逐渐消失。也许妈妈会觉得我们的声音太大，也许在公共场合我们的行为会让他人感到尴尬。又或许是爷爷告诉我们不应该那样做。不论发生了什么，即便是最微小的批评或建议，都可能成为自我价值感转向外部评价的转折点。从那时起，我们可能不再那么相信自己，因为开始过于在意他人的看法。

当然，批评家们可能会立刻大喊："总是童年的错。"往往确实如此。但这里的目的不是让任何人产生内疚感，而是要深入探寻问题的根源。我们需要找出那个可恶的源头。一旦明确了这一点，就能积极地应对它，无论是化解、放手还是改变。信念在幼儿时期就已打下深深的烙印，并将伴随一生。在这期间，自爱要么逐渐发展为良好的自我价值感，要么就无法得到充分发展。

解决思路——练习

为了感受更多的自爱，从而增强自我价值感，你可以采取以下行动：

详细列出你生命中迄今为止完成的所有事情

- 已经解决的问题；
- 已经掌握的技能；
- 艰难时刻却幸存下来的经历；
- 以及所有你经历过的重要事件。

这个练习的目的是将积极的成果和经历可视化。尽管大脑能够构想出许多事物，但清晰地将这些情况与事件书写下来，效果会更为明显。

有意识地思考

思绪整天都在不停运转。你想着给孩子们准备三明治，计划下次的牙医预约，想着周末的购物清单。在闲暇之余，你也会想到自己，比如觉得自己看起来状态不错，但下次应该买件大一号的上衣，这件有点紧。你会担忧蛋糕的热量，或者别人怎么看你。要时刻留意自己的思绪，一旦有消极的想法溜进来，就停下来，深呼吸，然后释放它。秘诀就在于，我们要学会掌控自己的想法，而不是被想法所掌控。所以，当消极想法出现时，主动与之告别，并用积极的想法来取代它。你可以从对消极想法说这句话开始：“谢谢你的出现，但现在我已经有对自己更积极的想法了。”

成为你希望你的同伴成为的人

如果渴望得到更多的欣赏，那就先这样做起来吧。如果希望收获更多的善意，那就从现在开始，每天保持微笑。如果想要更多的赞美，那就毫不吝啬地赞美他人吧。这样做有三大好处：

首先，你为他人树立了一个好榜样，能够激励他们，或者仅仅是为他们的生活带来一丝美好。其次，通过活出你希望从同伴身上看到的品质，你就会散发出许多积极的信号。最后，这些经历会提升自我价值感，进而增强你的自爱。因为你会惊喜地发现，积极的反应是如此美好，并意识到，独一无二的你——是这个世界的一份珍贵礼物。

结论

只要我们还不欣赏自己，便总会陷入自我怀疑，同伴也会对自己产生同样的质疑。

只要我们还从外界寻求爱和认可，内心就会充满焦虑和不安，因为我们总是在等待他人的肯定。结果，与自己的内心相距几公里。

只要我们还不知道自己真正想要什么，就无法找到前行的路径。

自我价值和自爱与自我决定的生活紧密相连。基于这一点，每位女性都应该允许自己寻找自我。

然而，如果畏缩不前，不敢探寻自我并活出真我，我们便无法以充满爱与积极的自我价值感，看镜子中的自己。

第 10 步：认真对待自己的需要

你有多坚定？关于清晰与怀疑

谁的双脚能稳稳地站在地面上，谁就不会被推倒。相反，谁只用一只脚站立，谁就容易失去平衡。这幅画面，可以很好地看成你对自己的清晰认知。

你是否明确自己的需要？是否清楚自己想要什么？不想要什么？你是否清楚自己所要扮演的角色？如何扮演？哪些角色你可以舍弃？你是否明了自己愿意与哪些人为伍，又要与哪些人保持距离？如果你对这些都心知肚明，那你就用双脚稳固地站在了地上。任何好奇的提问都无法动摇你的从容；任何的质问和疑虑都难以让你偏离既定的轨道；任何争论都不足以激怒你。为什么会这样？因为你知道自己是谁，明白自己的生活方式。拥有这样的心态，你便能随时与人沟通交流，而不会感到被攻击，也不会切换到辩解的模式。你能够清晰地划分自我与他人的边界，为身边的每一位都预留出他们的空间。

然而，一旦感到迷茫、疑虑、不清晰或不确定，就会变得摇摆不定。他人的目光会让你感到紧张，你会过度关注他人的意见，会在意房间里的人对你的看法和期望。当面对质疑时，你可能会觉得受到攻击，并出于自我保护而回击。尽管这些反应是人之常情，但关键在于：这些对心理健康是否有益？能否带给你在冥想中一直寻求的放松与宁静？估计不能。因此，为了能在生活的舞台上稳健地舞动，赠送给自己一份清晰感。

在思考“需要”时，下面这些提问出现在脑海中：

- 需要是指什么？
- 它们来自哪里？
- 需要对我们有什么作用？
- 它们是在推动我们，还是在阻碍我们？
- 了解这些需要重要吗？只是了解自己的还是也了解别人的？

此外，是否能在任何情况下都清晰地表达出自己的需要？如果能，那么如何做到？问题确实不少，现在一个一个地面对。

需要指什么

需要是人类最基本的东西。它代表了一种渴望，为了满足所感知到的匮乏，或是补足某种事实上的缺失。你可能已经熟悉马斯洛的需求层次理论，它系统地阐述了我们的各种需要。

首先，我们存在基础需要，这些需要对维持生命至关重要，如饮食、睡眠和饮水等。

此外，我们还存在其他种类的需要：

- 安全需要，例如稳定的住所、职业、经济来源；
- 社交需要，诸如友情、关爱和归属感；
- 自我需要，包括被认可和实现自我价值。

这一理论展示了各种需要之间的递进关系，即只有当前面一个层次的需要得到满足后，我们才会进入更高一层次的需要。

需要有几个特点

- 需要是自由存在的。
- 它不受时间、地点或人的制约。
- 需要就在那里。

然而，我们如何察觉自己的需要呢？我们会静下心来倾听内心的声音吗？是否真正觉察并接纳了这些需要？是选择满足它们，还是压抑它们？

感受是需要是否得到满足的重要指示信号。它们像信号灯一样，告诉我们当前的状态是否良好。每一种感受背后都隐藏着某种需要。

满足的需要

- 当我们感到快乐和幸福时，这往往是因为欣赏和认可需要得到了满足。
- 当我们感到放松时，可能是因为休息或清晰感的需要得到了满足。
- 当我们感到胃部饱胀时，这表示饮食需要得到了满足。

未满足的需要

- 悲伤情绪的背后，可能隐藏着对亲密和陪伴的未满足的渴望。
- 紧张感的背后，可能是对安全感或准时性没有得到满足的需要。
- 身体上的不适感，可能是对食物的需要没有得到满足。

感受伴随着我们度过每一天，它们不断地向我们反馈需要是否得到了满足。然而，在日常生活中，我们有时会忽视自己的感受，甚至完全没有察觉到它们的存在。

为什么不呢？

有时，我们缺乏直面自己感受的勇气；

有时，我们害怕谈论自己的真实感受；

有时，我们甚至不知道该如何表达。

而认识到这些潜在的需要，便是要解决的下一个难题。

从日常生活开始

要想与自己的感受及其背后的需要进行深度对话，不妨在白天，多次稍作停顿。无论是在面包店排队、晨跑、回家路上，还是晚上躺在沙发上，都有无数个机会去感受自己的内心。在这些瞬间，暂停一下，觉察自己身体的感受，深入体会其中的需求。当你清晰地认识到自己已经满足或没有得到满足的需要时，不妨对自己表示欣赏，以感恩的心态接纳。每一个需要都是一条线索，是一种路标。每一个需要，无论是否得到满足，都在为你的生活服务。没有所谓的负面需要。

明确表达需要，但怎么表达

一旦认识到自己的需要，下一步就是表达出这些需要了。

- 清晰明了；
- 直接或至少是及时；
- 发送“我——信息”；
- 说出你内心的感受；
- 确保你的需要得到满足。

在与同事交谈时，你感到肚子饿了，可以这样表达：“我很想专心地听你说话，但我现在肚子咕咕叫，有些分心。我想先吃点东西，这样就能更好地聆听你讲话了。”

再比如，下班后你感到疲惫不堪，而孩子却兴高采烈地想与你玩游戏。这时，你可以试着这样与孩子沟通：“我现在非常累，需要先休息 15 分钟。休息之后，我们再一起玩游戏好吗？”

需要与沟通——它们之间有什么联系

当对自己的需要有清晰的认识时，在沟通中就能更准确地表达自己的想法和感受。在不同的情境中，如果我们能敏锐地感知自己的感受，并意识到（通过练习）背后的潜在需要，就能更明确地表达自己的诉求，从而有效减少沟通中的干扰、冲突和误解。

> 当我正在与客户交谈时，希望能全神贯注地关注他和他的问题，因为这是我对工作的期望，也是客户对我的期望。毕竟，他们来找我是有原因的。交谈时，我突然想上厕所，感觉非常急迫。如果不直接说出来，就会分心，没法专心商谈。客户可能会觉察到这种不自然的情况。要是我继续含糊其词，不把话说清楚，客户可能以为我不在乎他。要是这样，谈完之后，客户可能会带着不满离开，甚至不会再选择与我合作。

需要是一种完全自然的现象，它始终存在且无处不在，有它的正当性。需要就像我们的导航仪，为我们指明方向，告诉我们什么有益，什么有害，并引领我们走向幸福之路。

每一种需要，无论是否得到满足，都在为我们的生活服务。不存在所谓的“负面需要”。(我认为这句话非常重要，值得再次强调。将这句话内化于心，我们将能更轻松地面对自己的需要。)

如果能同样清晰地表达自己的需求，那么每次对话都将产生积极的影响。

它有助于我们：

- 明晰改变的路径；
- 实现无障碍的沟通；
- 在对话中减少误解；
- 保持对话的开放性，从而增进彼此之间的了解；
- 对自己和谈话对象保持真诚；
- 了解自己的需要以及掌握满足这些需要的策略。

这反过来又会对我们的行动和境遇产生积极影响。了解自我与需求，我们越能去沟通，越能更有效地管理自我，知道自己该做什么。周围的人也无须揣测我们的意图，因我们的清晰表达已足够让他们了解我们。由此带来的结果是，误解减少，冲突也能更迅速化解。随着我们越来越敢于说“不”，不切实际的期望逐渐消散，我们感受到的“必须”做某事的压力也随之减少。正如你所看到的，万事万物都是相互关联的。因此，一旦你开始朝着改变迈出一步，就会自然而然地导致下一步的行动。

这是你的责任

你所感受到的每一个需要，都是你的，同样，属于你的每一个需要也都是你的责任。通俗地说，只有你有责任满足自己的需要，没有其他人对此负责。当我提到饥饿、大小便和冷暖时，你们每个人都能理解这一点。

但是，谈及快乐、爱和赞美时，有些人就会开始怀疑了。这是为什么呢？因为我们总是期待从伴侣、孩子那里得到爱，希望老板和同事能在工作中给予更多的认可，作为妈妈，我们渴望得到更多的关注。尽管这些期望都很正常，但还是要说：这些都很美好，值得期待，然而，满足这些深层次的需要，首要责任还是在于你自己。如果外界能给予我们额外的满足，那当然是锦上添花，非常棒的，这就像一份额外的奖励。

但这第一步，必须由你自己来迈出。为什么呢？

由于其他所有因素都依赖于外部环境，这正是我们压力的根源。也就是说，当我们无法从孩子那里获得爱，或从伴侣那里得到关注。更糟糕的是，即使他们给予了这些，但并不符合我们的期望或需求。因为这与愿望和要求存在差距，电影中往往向我们展示另一种景象。宏大、浪漫的场景可能会误导人们。这些都是大脑试图说服我们的信号，因为大脑曾在某处见过这样的理想情景，并认为这样是完美的。但事实上，你可以自给自足，赠予自己认为缺失的东西。如果不知道如何做到这一点，那就迈出第二步：无私地给予他人，而不期待任何回报，包括感谢和拥抱。我们越是关爱自己，照顾自己的感受和需要，我们就会变得更加放松，原因很简单，我们消除了对外部的依赖。

日常的节律

我钟爱常规惯例。
这单调的流程，
知晓，何时何事。
重复的日程安排。
仪式，
你是我的挚爱。

并非因我缺失自发的意愿，
亦非因我固执僵化，
更非我呆板，
停滞于时间的对岸。

我钟爱它们，因为
常规惯例给予我
安全的庇护。
助我抵御外界的纷扰，
提醒我心，专注所需。

若我能抵挡所有的诱惑，
便能投身于
对我有益之事。

能照料我的心想。
不涉足他人的纷扰。
不陷入羡慕、
嫉妒和诽谤的泥沼。

而是沉浸于我的梦想与
思绪。

我钟爱这常规惯例。
仪式，
简单的流程。

这些边界，并非真正的限制。
我绝不会勉强自己，
受限于紧身胸衣般的束缚。
相反，这结构为我提供了
广阔的舞台，
助我发挥最大的潜能。
在任何境遇下，我都力求做
到最好，
实现我的梦想与愿望。

我们时常游走于外界。
损耗着自己的
感知。
满脑子都是陌生的
想法和观点。

常规惯例即是专注。
专注于自己的生活，
践行自己的价值观，
发掘自己的潜能与力量。

正如我所言：
我钟爱常规惯例。
为了塑造
多姿多彩的生活，
那你的策略又是什么呢？

第 11 步：将冲突视为机遇

谁没有经受过那些令人不快的对话呢？这些对话经常在夜晚发生，或者在我们下班回家，肩上还扛着购物袋的疲惫时刻，抑或是在其他某个不恰当的场合。经验告诉我们，这些谈话往往涉及对我们来说重要的话题。正因如此，一旦对方无法理解，我们可能会情绪激动，提高音量，甚至出言不逊，侮辱或攻击对方。

在激烈的讨论中，我们有时会用言语伤害到对方，哪怕初衷是好的。最终，这样的讨论没有赢家。双方都会感到受伤和悲哀，导致我们离理想的解决方案相去甚远。冲突就此产生了。

如果这样的对话成为日常，会让人疲惫不堪，甚至影响健康。这时，来自心理咨询、沟通研讨会或协商调解等形式的帮助，就显得尤为重要，有助于我们打破这种恶性循环。实际上，冲突也可以被看成是一种机遇，一个改善生活处境或伴侣关系的机会。

为什么这么说呢？因为从根本上讲，冲突并不是一件坏事。它只是不同观点和利益的碰撞，由不同的价值观和需求所引发。这种碰撞就像原子间的相互作用，能够打破旧有的思维模式，催生出全新的观点和想法。我们对这类讨论的消极看法可能源于多种原因，但认识到这些原因后，我们就能以更积极、更开放的态度来处理这些问题。

我们的烙印

早在幼年时期，人们就学会了交流的方式。在原生家庭，我们这些来到这个世界的新人，在互动中交流学习。父母和兄弟姐妹是行为榜样。幼儿通过观察和模仿来学习沟通。

如果习惯了通过提高音量来表达，那么长大后我们自己也会沿用这种方式。

如果意识到可以使用令人不爽的言辞来达到目的，我们就会采用这种策略。

如果觉得在对话中占据上风很重要，我们就会追求这种胜利。

如果在成长过程中，观察到在做家务时沟通并不受重视，那么我们也会忽视相互间的交谈。

成长环境会进一步塑造这些最初的印记。如果没有见识过更好的沟通方式，我们往往会固守自己原有的说话模式。

这意味着，交流方式可能会打上以下几方面烙印。

- 批评："你这样做不对。"
- 解读："你这样做，是因为……"
- 评价："你太胖、太丑、太懒、太穷了……"
- 威胁惩罚："你不这样做，就会有麻烦……"
- 过度概括：使用"总是、所有、经常"等词汇。
- 自我感觉占理。

在心理咨询或沟通研讨会中，我会和学员深入探讨个人的沟通模式，包括以下问题。

- 这些沟通模式我是从谁那里学到的？
- 这些模式在过去对我是有益还是有害的？
- 当我采用这种方式说话时，我会有什么样的感受？

● 当我意识到自己的说话方式对他人产生影响时，我会有什么想法？

了解自身的沟通模式后，学员可以一步步重新学习更有效的沟通方式。其中，非暴力沟通便是非常值得推荐的一种欣赏式沟通方法。

既然你正拿着这本书，说明你真心想做出一些改变。那么，让我为你介绍这个模型。它能让你立刻审视并调整自己的沟通方式。通过这一模型，你将更加留心自己的言辞和周围环境，同时学会更明确地过滤出并表达自己的需求和愿望。这在改变过程中非常有用，能帮你避免陷入不必要的困境。重要的是要了解自己的界限并设定明确的边界，这样你才能塑造一个自己向往的生活框架，勇敢无畏地前行。那么，我们就开始吧。

NVC 的背后是什么

NVC——非暴力沟通，由美国心理学家马歇尔·卢森堡博士提出。他强调，将注意力集中在对个人而言重要的事务上，尤其是自己的愿望和需要。

这包括要求我们避免使用任何可能被看成批评、评判、攻击或指责的言辞，因为这类“暴力语言”可能会激起对方的防御或反击。这些特点往往在对话中会产生适得其反的效果。要想让对话富有价值和收获，就必须将焦点转到自己身上，从“你——信息”转变为“我——信息”。

在对话过程中，我们交流各自的需要和愿望，深入审视自己和感受。比如我会思考：我在这次对话中表现如何？什么对我来说是重要的，为什么？哪些需要得到了滋养，哪些还没得到满足？在咨询或研讨会的场景中，我们会与学员一同逐步解答这些问题。通过具体案例，学员可以分步练习并巩固整个流程，还将处理生活中的真实情境。

这些练习所带来的优势包括接近真实生活，使学员能够为现阶段的情境做好充分准备；通过练习各个步骤，以便学员在日常生活中熟练运用；学员能获得关于自己沟通行为的及时反馈。

四步简洁概览

- 观察——不进行评判或解读。
- 感受——自我觉察、体会并明确表达感受。
- 需要——认清并重视这些需要（包括自己和他人的需要）。
- 请求——根据需要明确表达（具体、积极、可行且可协商地提出）。

一位妻子来到我的诊室。她向我诉苦，说她的丈夫总是很晚才回家。当我问她在这种情况下会如何应对时，她这样描述："每次听到他的车停在房前的声音，我的心跳就会加速。从上一秒到下一秒，我气得要跳起来了。听到钥匙开门的声音，我就开始做好准备。他一进门，我就会立刻质问他去哪儿了，为什么这么晚才回来。我会大声地责备他，他的行为让人无法理解，对我跟孩子都漠不关心，是不是打算一直这样下去。说完这些后，我就会直接上床睡觉。"

当我进一步询问她丈夫对此有何反应时，她表示自己并不清楚，因为她说完那些话后就会上床睡觉，以此作为对他的惩罚。

在下一步中，我请这位女士只告诉我她的观察结果。她说："我丈夫通常每晚 8 点左右回家。"她试了好几次，才逐渐从主观评价转变为客观的观察陈述。

下一步是让她分享自己的感受。她说道："他这么晚才回家，我感到很难过。"这个过程中，她也花费了一段时间才能真正体会到并表达出自己内心的感受。愤怒和生气的情绪背后，往往隐藏着深深的悲伤。

接着，我引导她深入挖掘自己内心没有得到滋养的需要，她承认："我希望晚上能和丈夫共度一段时光。"（显然，她渴望与丈夫有更多的亲密、交流和共处时光。）

最后，她鼓起勇气，向丈夫明确提出了一个请求："看到你每

> 晚8点之后才回家，我感到非常难过，因为我真心希望我们能共度更多的时光。我希望你能早点回家，这样我们就可以一起聊聊白天发生的事情。这对我来说很重要。”
>
> 既然请求应该是可以协商的，那么她接下来就可以和丈夫商定具体事项，比如时间等细节问题。

难就难在，大多数人还没有学会审视自身的需要和感受，更别提采取相应的行动了。当然，他们也不知道如何有条理地表达整个过程。许多人还不懂得，如何在不提要求的前提下恰当地提出请求。我们同样没能真正学会，如何坦诚和真挚地展现自我。

如今，社交媒体的使用已成为人们面临的另一个巨大障碍。人们倾向于隐藏在网络生活和虚拟交流的背后。但这样的交流是真实的吗？我们是否在这些网络平台上展示了，在真实生活中，我们是怎样的人？在幕后交流，避免直接露面和回应他人，是否真的更容易？我们是否因为过度使用书面缩写而逐渐失去了口语表达的能力？我们面对面交流、忍受并享受当下的能力是否在逐渐退化？还有一个更深层次的问题：在网络上的匿名状态下，我们真的会感到更快乐、更满足吗？我们所有的特点和愿望，真的被人看到和理解了吗？我们是否真正得到了他人的理解和认同？通过机器与他人建立联系，这真的是每个人内心所渴望的吗？

近年来，尽管世界经历了诸多变迁，但有一点始终如一：人们对社区生活和相互交流的需求从未改变。无论是面对冲突，还是分享生活经验，我们都渴望能够畅通无阻地交流，真诚地交换思想，深入了解彼此的境遇，同时也满足我们自身的需要。尽管简短的短信比厨房餐桌上的漫长讨论来得快，尽管信息可以轻易删除，而口头言语却无法撤回，尽管一个按钮就可以切断所有联系，这一切的便捷性，似乎都超越了面对面的对话。然而，在这些现代通信方式的背后，隐藏着我们对人与人之间深度联结的共同渴望。

第 12 步：化解无言以对的尴尬

良好的交流是建立健康关系的基石。无论是对自己、对家人，还是同事和朋友都至关重要。想象一下，就连星期天买面包这样的小事，也可能因为交流，要么成为一个美好的时刻，要么平淡无奇。这听起来似乎理所当然，简单易懂。如果真的如此简单，那么婚姻便能长长久久，友谊也能持续一生一世，而冲突只会出现在故事中。

然而，有些人对“说话”的理解，并不意味着其他人也同样定义“说话”的内涵。我们可以闲聊即将到来的约会、天气或是邻居的琐事。我们可以谈论最新的八卦、剧院里最新的电影或是畅销书评论。但我们也可以敞开心扉，谈论自己的内心世界——分享我们的想法和感受。关于我们内心最隐秘的欲望和想法，还有我们对未来的规划与相关的思考，这些内容的交流让“说话”和说话并不相同。

再解释一下，沟通本质上就是建立关系，在任何时间、任何地点都是不变的。在交流信息、分享想法的瞬间，联系便悄然建立。在这样的时刻，我们向他人敞开心扉，展现一部分自我。我们分享对上一部电影的感触，畅谈对未来的憧憬。每一种关系，无论是个人、职业还是商业关系中的任何一种关系，都在影响着我们的生活。那么，这种影响体现在哪些方面呢？如果面包房师傅态度冷淡，我便不会再去光顾他的店。如果同事待人宽容，下次遇到问题我仍会寻求他的帮助。在伴侣关系中，如果感到安全踏实，便会勇于面对和解决有关我的所有问题。由此可见，我们每一个人都在塑造着自己的各种关系。个性特点能够激发和促进关系的发展，也可能成为阻碍和削弱它们的因素。在每次相遇时，我们——包括你们——都有能力选择讨论的话题，并决定这些交流是否会对你们的关系产生积极的影响。

如果只谈论那些看似琐碎无意义的话题，而忽视了个人的深层需要，这些需要，既没有被察觉也没有被表达出来，那么这对个人的健康和双方的关系都是有害的。如果对话仅仅围绕着日常生活的琐碎事务，如果晚上的闲聊，只与那些并不与我们一起生活的人有关，如果只谈论外在的、与我们之外的他人相关的事情，避而不谈与自己内心相关的话题，那么最终将陷入无话可说的尴尬境地。如果我们把真正重要的事情搁置一旁，那么还有什么值得交流的呢？如果对方只会说一些无关紧要的话，那还有什么值得思考的呢？如果不谈论那些真正触动自己内心的事情，那么关系又能建立在什么基础之上呢？冲突被掩盖起来，而那些最具伤害性的事情被轻易地推到一旁。

许多夫妻都自信地以为，沟通对他们来说不会成为问题。然而，当结果并不如他们所愿时，往往会感到惊愕；当争吵中提及的往事仿佛发生在远古时代；当某一方的需要对另一方来说完全陌生；当感受被触痛，而对方却毫无察觉，甚至无法承受时。那么，这段关系就到了无话可说的地步，既不值得欣赏，也不利于关系中的任何一方。在这样的时刻，无话可说，就像一块巨石压在胸口，让人痛苦不堪。呼吸变得困难，情绪随时可能爆发。

你们的关系究竟有什么价值？

- 是不是有些话题你从未提起，因为你认为你知道对方不会理解？
- 是不是有些话题你避而不谈，因为害怕对方的反应？
- 是不是有些话题你不愿讨论，因为你想要逃避随后的对质？

- 是不是有些话题你刻意回避，因为你无法面对可能因此导致的分手后果？

每个人都可以为自己列出这份清单。我还想问的是：如果不去做那些对你来说意义非凡的事情，你能过上真正幸福美满的生活吗？如果你清楚地知道，双方在塑造生活方式上的差异让你感到压力重重，你还能轻松地保持一段关系吗？当你身体充满愤怒，内心感到无力时，你还能真心地去欣赏吗？

无言以对时该怎么办？这种情况可能发生在任何一种关系中。我真的指任何关系！无论是职场中与同事、上下级的相处，还是家庭生活中与伴侣、孩子的交流，或者是与父母、兄弟姐妹和邻居的互动。因此，你可以将我的观点应用到当前你所关心的某个特定关系上。那些让你睡不着，引发思考的关系。

识别

审视关系，识别那些导致无话可说的情境。你们不能谈论哪些话题？在哪些方面你无法觉察自己的需要，更别提表达出来了？谁意识到这些无话可说的盲区，谁才能有机会，针对性地寻求改变。双方应携手面对，而不是相互对立。这样，我们才能正视冲突，增进彼此的欣赏，让日常生活重回轻盈的状态。

表达感动你的事

即使对方不倾听、不理解，或者正深受痛苦、心怀恐惧，你依然要勇敢地表达自己的感动。分享那些触动你内心的事物，坦言当前沟通的困难，以及你注意到的对方的事情。

所有隐藏的情感和想法都渴望在某一刻被看见、被听见。选择合适的时机来分享这些，应该依据你的真实感受，而非仅受理智驱使。如果事情进展不顺，那可能是一个非常不利的时机。

探索新路径

沟通虽然能解决许多问题，但不是万能的。它能让我们的声音被听到、被关注，使我们能够表达内心感受，协助满足自我需要。然而，当所有的道路都已尝试，而解决方案却仍遥遥无期，当在一起走不下去了，此时就需要我们勇于开辟新的道路。为了你和你的需要，与对方进行交流，分享你设想的新路径蓝图。他们可以选择跟随你，但这并不是必需的。你所做的每一个决定，都与你的生活和你的想法有关。

第 13 步：不做讨厌的评价

我受邀参加了一个生日派对，除了寿星和几位客人，大部分人我都不认识。在自助餐环节，我与不同的人闲聊。当被问及职业时，我回答道：“我在自己的诊所从事自然疗法心理治疗和担任沟通培训师。”对方听后惊讶地说：“我真没想到干这行还能赚钱。这工作肯定不容易，也不会让你变得富有。”他接着半开玩笑地说：“好吧，那我以后说话得小心了，免得被你分析！”这种反应我早已习以为常。

方法：敏捷对答

尝试摆脱无话可说的窘境，可以采用敏捷对答的方式，即兴挑选词汇，以此向对方展示：看，我既不笨嘴拙舌，思维也绝不混乱。这样的做法本身就非常聪明。积极运用这种沟通方式有助于保持交流的连续性，否则交流可能会中断。

然而，如果使用不当，尤其是搭配上调侃和讽刺，可能会导致误解和隔阂，甚至增加发生冲突的潜在可能性。此外，这种做法还可能让对方难以捉摸你的真实意图，这种“不被理解”的状态可能会进一步阻碍沟通。毕竟，经验告诉我们，这样的交流方式往往效果不佳。

这种敏捷应答方式糟糕的地方在于，它让我们失去真实性。在使用这种方式时，我们可能无法触及自己的真实感受和内心活生生的想法。通过忽视自己的困惑，假装已经完全理解了整个情况。这样做的后果是：我们远离了自己的内心。是的，没错，就是与真实的自我疏离。为什么会这样呢？因为所有的交流都是从我们自己开始的。我们听到的或说出的每一句话，都会在内心激起某种感受。

就如同繁多的人类个体，我们对话题的想法和感受也是多种多样的。如果在某些话题上抑制自己的真实想法和感受，那么我们就会失去真正的心灵交流的机会，错失了深入了解彼此的可能，也失去了发挥自己独特潜能的机会。更重要的是，我们失去了认识和体验真实自我的机会，以及勇敢展示自己时可能带来的所有可能性，甚至包括潜伏的所有危险。

方法：非语言交流

无言以对时，非语言交流就成了我们的表达方式。缺失的语言由手势、面部表情和姿势代替。这听起来可能有些奇怪，但确实如此。当我们不知如何回应时，身体语言就会自然地展现出来。比如，面对缺乏建设性的解决方案时，我们可能会翻白眼；青少年在听到父母唠叨时，可能会发出“哼”的声音表示不屑；当遇到不情愿的反驳时，有些人可能会用拳头来回应；或者在对话中，某人可能会一声不吭径直地走开，从而结束谈话；又或者因为对方说“这些不是都已经讨论过了吗？”而感到无语。

请注意，非语言沟通是非常有效的，它在各个层面都能产生影响。每个人都有自己解读这类交流方式的独特方法，这往往与对方的理解有所不同。当然，这也可能与我们触及的自己的问题有关，比如羞愧、悲伤或愤怒。有时候，我们不希望觉察到自己的某些部分，但对方却可能一针见血地指出来，或者这正是他们生活中所面临的重要问题。在某些日子里，我们宁愿逃避这些问题，把注意力转向外部世界。然而，当他们以某种方式表达自己的观点时，我们可能会感到震惊，甚至无言以对。

如果你希望从现在开始，改变以往用讽刺和玩笑来应对各种情况的方式，尤其是不想在遇到困境时，被自己的冲动行为所左右，那么请看看以下几点建议。它们将助你在未来的日子里表现得更加从容和自信。

为你的无语命名

当你的嘴巴已经张开，思绪在空白的空间里寻找支持，不妨直接表达出来。对方其实已经有所觉察：混乱的眼神，紧皱的眉头还有无言的沉默。坦诚地说出真实想法，对于之前的话你感到生气或者困惑。你越能清晰地表达自己，就越真实，也大大增加了双方相互理解的机会。

自我认知的那部分

所有的沟通其实都与自己息息相关。因此，每一次的无言以对，都会引发对自身某些方面的思考。可能是过去发生的事件、自己的羞耻感或那些不愿提及的需要。反思每个情境，并认识到自己在其中的那部分，这将帮助你在下次遇到类似情况时更加从容应对。

为你设定边界

之所以无言以对，是因为对方表述的反应触动了你。这说明你的某些言辞激起了对方的这种反馈。就像我们有自己的问题需要面对，对方也有他的挑战需要应对。不论对方的反应多么尖酸刻薄，那都是他自身问题的反映。他的行为可能是在无意识地保护自己，以避免面对自身的问题。你要意识到这一点，并在内心保持一定的距离。再次明确一点：对方的行为并不是直接针对你。这更像是一种自我保护机制，防止他自身情绪失控，或者抱怨，或者感受到长久以来深藏的情感。塔迪斯·科罗马（德国著名生命成长教练）曾经说过："对方有理，而你却不知道。"这句话非常贴切，因为我们确实很难揣测对方为何会有那样的回应。

第 14 步：面对恐惧

回望过去，我察觉到自己曾经的种种恐惧。例如，第一次独自带着孩子乘飞机时，我担心会登错机；

当我从全职转为兼职工作时，我害怕收入锐减，会因此吃了上顿没下顿，甚至流落街头；

当我决定离婚时，担心自己已被打上标签，再也找不到愿意共度一生的人；

还有，当我们有机会前往中国时，内心也充满了不安与忧虑。我还可以讲述更多曾经和现在依然害怕的事情。每当孩子在朋友家过夜或参加学校组织的旅行时，我会担忧；当先生出差，我在家附近的餐厅点餐时，因为不知道接下来会发生什么，也会感到不安；甚至当我独自探索一条新路径时，也会有些许害怕……

总有些事情会让我感到害怕，让我短暂地陷入不安，觉得看不到结果。

然而，回首过去，我发现每次面对恐惧时，都能从中获得宝贵的成长。

是否存在没有恐惧的人生

在这个世界上，理应有些人能无所畏惧地生活。可惜我至今还未曾遇到过这样的人。要么他们正毫无惧怕地体验着别人梦寐以求的生活，要么这样的人根本就不存在，我个人更倾向于后一种猜测。

并不是说，生活中完全不可能没有恐惧，但我并不认同这种绝对的观点。我猜测，出于种种原因，每个人都会有害怕的时候。我们并非生来就带有恐惧心理，而是在生活中逐渐形成的，通过观察和学习。可能来源于原生家庭的烙印，比如自己的祖母总是对陌生人感到害怕，母亲对新环境感到恐惧，而父亲一谈及工作就感到焦虑。另一种情况，周围环境的教育也可能引发我们的恐惧。当邻居大喊，让我们不要从墙上跳下，以免发生意外。这是向我们表明：我害怕，你不怕吗？或者在读到自然灾害的报道后，我们可能会对梦想中的小岛之旅感到畏惧。

影响恐惧感的因素太多了。其中大部分来自外部环境，与我们个人的实际体验并不完全一致。这是因为，恐惧往往与过去的经历紧密相关。比如伊尔姆阿姨，她告诫我们要提防男人，因为她自己经历了三次失败的婚姻。邻居告诉我，作为单身母亲很难找到好工作。由于她已经失业好几个月了，因此她对此深有体会。

这些实例都表明，每个人都会基于自己的经历来预判未来。假如每个人都只是为自己做打算，那还并无大碍。然而，不幸的是，即便没有人询问，许多人也会不自觉地主动分享自己的经验，这往往会削弱他人自主决策的勇气。问题的关键在于，我们总是用过去的决定来预判未来。只是谁能向我们保证，因为一次没做好，将来就不会有更好的可能？我感到害怕，并不意味着你也应该害怕。

有关恐惧的问题

当我决定搬到中国时，内心既兴奋又激动。然而，我越是与多人分享这个计划，我就越察觉到更多的不安。后来，我逐渐明白，许多人其实是以他们的恐惧视角来看待选择。他们认为这种恐惧如此真切，以至于觉得有必要对我进行劝导。于是，我下定决心，只和那些认为这不是“疯狂想法”的人谈论这事。

关于恐惧，问题并不在于恐惧本身。实际上，害怕是件好事。它让我们保持警觉，并试图保护我们，从而确保生存。特别是在夜晚的公园里，当我们对树篱后面潜藏的未知物或人感到不确定时，恐惧能提醒自己。然而，恐惧真正的问题在于我们没有勇气直面它。更糟糕的是，会将自己的恐惧传递给周围的人（我们的孩子和朋友），这样我们就不必自己感受，也就不必正视和解决它。

在第一步，回避恐惧看起来是个有效的策略，但到了第二步，这显然不是解决之道。恐惧并不会因为我们选择忽视而自动消失。因为逃避冲突对话、拖延分手或是不敢递交辞呈，情况既不会得到改善，恐惧也不会减少。到头来，只会感到恼怒和挫败，看着别人勇敢地抓住机会，而我们却因为害怕失去而从未真正拥有过什么。

那么，我们，包括你，现在应该如何应对内心的恐惧呢？

首先，我认为生活的目标不是消除恐惧，因为那是不切实际的努力；相反，我们应该努力去除恐惧所带来的心理阴影。看看表象背后的本质，认识到我们不必害怕，最美好的奖赏常常隐藏在恐惧之后。

这就像是跑步。起初的几步可能让人感觉不适，过程中我们可能会自我质疑：“我到底在做什么？”但是，当我们完成几公里的奔跑，在淋浴的那一刻，完成带来的幸福感会油然而生。

面对恐惧也是同样的道理。那些勇于直面恐惧的人，能够找到应对的方法和策略。他们承担起对自己和生活的责任，做出决定，并会发现一切都变得更好了。这种认识通常是在经历过后的反思中得到的。我们只需将这种认识应用到未来的生活中去。

第 15 步：如果你的处境让你烦恼，那就改变你的处境

有时，一切似乎都恰到好处。宜人的天气，香醇的咖啡，孩子们的欢笑声，还有亲朋好友的陪伴。这时，我们渴望时间能静止片刻，让自己沉浸在完美的感觉中，没有烦恼，没有困境。然而，眨眼之间，一切又变得截然相反，我们会为自己的所见所闻和亲身经历而烦恼。尽管有些时候，我们难以察觉到美好的存在，但每一时刻都尤为珍贵。

不是神秘力量，而是现实

生活中，我们时常富有创造力，而且常常如此。回想学生时代，期末考试前夕，我们会挑灯夜战，因为之前的 750 天可能过于贪玩了；当我们想要买下人生中的第一辆车时，为了节省每一分钱，在讨价还价时我们绝不松口；和伴侣一起为新家选购家具时，我们会想尽办法说服对方买自己中意的；为即将到来的孩子生日派对准备礼物时，即便面对无法实现的愿望，我们也会想方设法找到满意的替代品。甚至面对生活中的小问题，我们也总能找到解决之道。在这些时候，我们总是全力以赴，努力创造出最佳的结果，以便在最后能够自豪地说："我做得十分出色！"

然而，令人困惑的是，我们为何不运用这种奇妙的能力来主动塑造

我们的生活呢？为什么在规划未来时，我们忽视了这种想象力和热情所带来的力量？我们为什么总是将这种能力用于取悦他人，而不是用在自己身上呢？

你的生命是一个不断创造的过程，这不是什么神秘玄学，而是实实在在的现实。生活由无数个瞬间组成，一连串的一个接一个不同的感受和事件所构成的。最美妙的是，我们有能力自己创造所有这些经历。

外界环境常常让我们神经紧张。我们会羡慕那些生活看似更加刺激、更加平静或者更加稳定的人。然后，我们或许会评论：“她真是太幸运了，能和那个男人在一起。”或者：“如果我有更多的钱，我也能轻松享受那样的生活。”可是说实话，这些其实与运气关系不大，更多的是与实践行动有关。

如果你想追求什么，那就别犹豫，立刻行动起来吧！

- 渴望旅行？那就打起行囊，出发去度假吧！
- 想赚更多钱？就找一份薪水更高的工作吧！
- 希望结交更多有趣的朋友？那就主动与人交流，并远离那些让你不快的人。
- 梦想在国外工作？就去寻找那些提供海外工作机会的公司吧！
- 想要进一步提升自己？就寻找合适的培训机构，提交你的申请吧！

一味抱怨是一种美妙的消遣，但它不会让你达成目标。如果你对所处的环境感到不满，无论现状如何，都应运用你的创造力和雄心去改变它。

- 你可以随时随地，立刻付诸行动。
- 明确什么令你讨厌。
- 思考你希望生活有什么不同。
- 创造性地策划解决方案。
- 然后，行动吧！

一切皆有回响

对我透露的每一言，
对你倾诉的每一语，
关乎我的每一字，
关乎你的每一句。

一切皆有回响。

我们袒露的心迹，
我们隐瞒的秘密，
我们思绪的跃动。
关乎你我。
关乎我们的人类同胞。

一切皆有回响。

暗地里的挂念，
奇幻梦境的对话，
期盼消息的焦灼，
惧怕信息到来的颤抖。

这些都有回响。

总是如此。
无处不在。
在你心间。

这些通过你变得明晰可辨。
在下一次相聚时，
在下一次通话中，
在下一封邮件或短信的
字符间。

你无法偷偷藏匿言辞，
并祈愿，它们就此驻足。

言语能自行寻觅听众。
永远如此。
无处不在。

他们探寻自己的道路，
携带着挖苦的锋芒。
讽刺。
评价。
解读。
教导。
判决的权杖。

请谨慎，
你所说的每一句话。
对你。
对我。

请谨慎，
你所思的每一个念头。
关乎你。
关乎我。

请谨慎，
你所隐瞒的每一个秘密。
关乎你。
关乎我。

因为，
一切皆有回响。

女性总是乐于为他人着想，同样地，我们也允许大方地为自己着想。允许用想法和行动，投入创造我们自己的处境。构建那些带来安慰和力量的环境，塑造那些使我们变得更强大的条件。在这些情境中，我们享受着逗留时光，也欢迎他人的融入与参与。

所以，当你再次感到被处境所困扰时，请深吸一口气，静下心来，睁开眼睛看看周围的世界。如果你对眼前的一切感到不满，那就行动起来，用你的创造力去积极塑造你想要的生活。

我是个女孩儿，做得差不多就得了

或许，如果你满足于“差不多”，这样的心态确实适合你。然而，你真的只期望过上“还算不错”的生活吗？还是说你更渴望拥有十分美好的生活，并希望充分发掘自己的所有潜能呢？这个问题的答案，唯有你自己心知肚明。

举个例子：你已经结婚三年，住在一个小公寓里，拥有一份稳定的工作。因为周围的人都过着这样的生活，你觉得还算可以。但内心深处，你却隐约感到一丝不满，这种不满说不出来，也挥之不去。你不禁自问：“难道这就是我生活的全部吗？”这种情况恰恰反映了“还算不错的生活”的状态。如果你对自己的生活真正感到满意，全然热爱你所拥有的一切，以及与你共度人生的人，那么你就不会有这种沉闷的感受，也不会有一丝丝的不安全感。相反，你会纯粹而自洽地与自己相处，你的感知中将深深印刻着喜悦与爱的痕迹。

第 4 章

妈妈的角色——一个角色两个侧面

- 每位妈妈都在尽力而为
- 将妈妈和家庭主妇的角色分开
- 找到你的妈妈愿景

有时候，我真心享受当妈妈的喜悦，尤其是在那些充满轻松氛围的时刻。这些时刻，往往是我烹饪了一顿可口的饭菜，或者为家人点对了满意的菜肴；当我们在恰当的时间选择了恰当的地点度假，同时还能连接上世界顶级的无线网络。在这些时刻，我仿佛能得心应手地预约与朋友的聚会，找到最佳的生活节奏，甚至连孩子的作业也完美无瑕。

众所周知，每块奖牌都有正反两面，也存在某些瞬间，我并不热衷于扮演妈妈的角色。这不是因为不爱我的孩子们——事实上，我深深地、无可救药地爱着他们。然而，有些时候，即便满怀对他们的爱，我却（看上去）做出一些错误的决定。我准备了他们并不喜欢的食物，预订了无线网络质量极差的酒店。我对孩子在学校的表现抱着过高的期望，要求他们回家的时间早于其他朋友。他们指责我不懂青少年，毕竟我已四十几岁，对于当下的流行趋势，无论是音乐还是时尚，都不了解。还有，我在校车前的挥手告别，竟让他们感到尴尬，甚至达到了他们所能容忍的极限。

当孩子还年幼，只会在超市收银台前为了一颗巧克力蛋而哭闹时，我没有意识到，这样的时刻虽然会越来越少，然而会以不同的形式出现。这些变化取决于孩子们的年龄和个性特征，而且是量身定制的。说实话，我觉得在这样的情境下当妈妈很累。就好像妈妈的身份与我自己的意愿在相互抗争，而我似乎在这条道路上什么也没学到。

然而，事实并非如此。因为孩子们的注意力不再集中在我身上，即便他们经常不愿意承认这一点，但我所有的付出都是源于对他们深深的爱。这不是什么坏事。他们理应去探索新事物，去发现未知的世界。所有这些经历都是宝贵的财富。初次担任妈妈角色，这对我和孩子们而言都是一次全新的探险。由于比他们年长，因此在掌控生活方面，我可以借鉴以前更多一些的经验。我设定了一个框架，在这个框架内我们可以自由地嬉戏，从而让大家都能在这段旅程中收获很多欢乐。他们有时会抱怨，这是他们正当的权利。或许是我太无知，将这个框架设定得太窄了。又或者，是过于担心他们会出事。也许我是听别人说的，而不是出于信任，才设定了这个框架。不论这个框架是怎么搭建的，它都成了我们共同的游乐场。在这个场地里，都在路上，这也是为什么每个人都有权利对这个框架提出自己的看法。我还认为，有些时候，孩子们与我们在一起也的确不易。

即便如此，在某些日子里，我们都需要一些外来的援助。它可能是一本书带来的智慧，一个拥抱给予的温暖；也可能是一块蛋糕的甜蜜，或是一次林间漫步的宁静。出于这个原因，我为你精心准备了以下 11 个小故事。这些小故事或许能给你带来启示，或许能为你提供指导。它们就像微笑一样温暖人心，也像思想工具一样助你思考。我衷心地希望，你能成为那位对孩子和自己都有益的妈妈。愿你能喜爱这个角色，既没有“如果”，也没有“但是”，而是在这个角色中，完全按照你的个性生活。

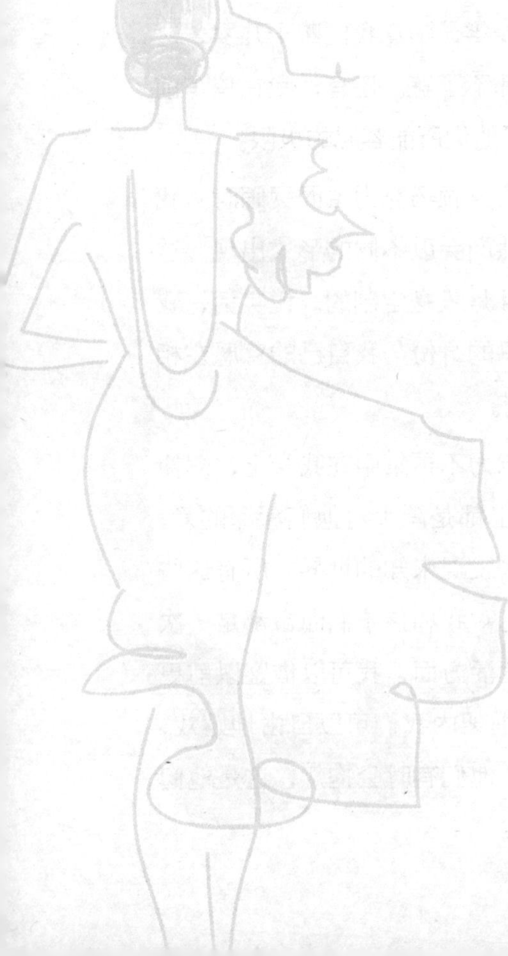

锦囊 1：每位妈妈都在尽力而为

马歇尔·卢森堡博士说过：“每个人在生命中的每时每刻都在尽力而为。”

这的确揭示了一切的真谛，倘若我们能以同样的方式认同并践行这个理念，那将是一件神奇的事情。然而遗憾的是，现实情况并非如此理想。并不是说人们不总是尽心尽力——我深信他们无时无刻不在竭尽全力，而且在他们生活的每时每刻都是如此。毕竟，我们能参考的，仅仅是过去的经验。我们能受益的，也只是迄今为止积累的知识储备。当我们渴望阅读书籍，或是与那些能激发内心力量的人深入交谈时，这一原则同样适用。假设我们知道得更多，就会有不同的见解。更多的知识，更多的技能，意味着我们在面对特定情境时会采取不同的行动。然而遗憾的是，人们往往只有在回顾过去时才会意识到。当被问到“如果可能，你会改变过去的什么”时，人们居然能想起十年前一两点可以改进的地方。

卢森堡的观点简洁而深刻，如同被点燃的火柴，激发思考。为什么呢？因为并不是所有人都持有这种观点。人们常以自己的标准来评判他人、评价行为，却不探究行为背后的原因。我们接下来讨论的是“走出妈妈的盒子”这一主题，所以，我将以这个主题来阐明上述观点。

每位妈妈都是独立的个体。女性在 15 ~ 49 岁的年龄段内，也就是大约35年的时间里，有机会生育一个或多个孩子，成为妈妈。至于何时生育、与谁生育以及生育几个孩子，这些都是每位女性可以自主决定的内容。确实，生育孩子是我们的天职，因为这是生物学上的设定。因此，每位女性在其一生中至少会面对一次是否想要自己孩子的问题。我们拥有这样的选择权，而且始终都拥有。无论做出何种决定，都是好的，没有哪个决定比另一个更糟糕。绝对没有！

单凭这一点就表明，每位女性都是基于自己的人生规划和价值标准来做出这一重大抉择的。

一旦成功受孕，每位准妈妈都会以自己的方式做好准备。有的通过阅读、视频或参加妈妈交流小组，来汲取育儿知识和经验；有的则选择顺其自然，全然信赖生命的过程和自己的母性直觉。准妈妈们的方式千差万别，有多少准妈妈，就有多少种不同的方式。当宝宝终于降临时，她们会依据自身的经验和知识，决定如何给予宝宝最好的照顾。她们决定在家待多久？接下来是在家全职照顾孩子，还是重返职场？是选择哪种品牌的尿布，还是完全不用尿布？孩子应该上哪种类型的幼儿园？

这些决定都不是草率的行动，而是源于每位妈妈内心深处最真挚的愿望：始终想为自己的孩子提供最好的，也是这样行动的。这是从未改变过的。

这些都是塑造个人的因素。在我们的社会中，每个人都渴望成为一个独立的个体，作为个体被看到，被认真对待。特别是青少年，他们不再希望随波逐流，而是渴望脱颖而出，展现自己的与众不同。然而，这种渴望也伴随着一种恐惧，因为我们担心一旦过于与众不同，就可能被视为异类，从而不再归属于所在的社会。我们会被排斥，会在朋友聚会的餐桌上失去发言的权利。谁愿意这样呢？毕竟，作为群居动物，我们内心深处都渴望归属感，这是人类拥有的最强烈的情感需要之一。

如果我们认同马歇尔先生的观点（在我看来他是对的），即每个女人都在尽自己最大的努力，那么就没有任何理由去指责或教训别人了。毕竟，每位女性都有自己独特的经历和故事，这也塑造了她们独特的见解和能力。我们可以互相交流、学习，但不需要对他人进行说教或者翻白眼。当每个女人都在竭尽所能时，这也意味着她们始终在不断地学习和成长。为什么会这样说呢？因为回顾过往经历，每个女人都会从中汲取教训，什么做得特别好，什么还欠缺，并利用这些经验在未来的生活中做出更明智的决策。

每位妈妈都会根据自己和孩子的实际需要来行动。或许有些行为在你看来难以理解，甚至可能让你感到有些生气，但这都没关系。不过，在你私下里与其他妈妈议论或是直接指责教训之前，不妨先去了解她的行为背后的原因。她为何会这样做？是什么促使她做出了这样的决定？只有通过询问，我们才能找到答案。这些答案或许并不符合我们的期望，但我们并不需要喜欢它们，因为这是她的生活选择，与你并无直接关系。然而，这些答案可以馈赠我们相互理解、彼此尊重和由衷欣赏。那些承受着重负的妈妈可以勇敢地寻求支持，而那些第一次感受到自己心声被倾听的妈妈，将有机会开启全新的思维方式。

如果你总觉得自己像是被众人注视，被视为射击的靶子，那就更要坚守信念，做自己。不要因为其他妈妈的看法而生气。她们有不同的观点是正常的，这并不要紧。你面前有两条路可选。一是主动与他人沟通，重新审视自己的感受。或许你会发现，她们谈论你的方式与你所猜想的截然不同。另一条路是坚守立场，对自己的生活和所做的决定保持充分的信心。不管选择哪条路，都是当下你能为自己所做的最佳选择。

锦囊 2：关注一天的开始

晨起惯例备受关注，无处不在。许多文章都探讨了，早晨做些什么能为一天开个好头。既然我不清楚你的习惯，就让我先分享一下我的日常流程吧。之后，我们可以深入探讨这个话题。

在孩子们上学和我上班的日子里，我习惯比他们早起一小时。这样就有足够的时间，和先生悠闲地品尝清晨的第一杯咖啡。享受片刻宁静，无须应对孩子的各种提问，也不必匆忙寻找东西。先生出门上班后，我独自沉浸在清晨的静谧中。任由思绪自由飘荡，或者干脆放空自己。我常常坐在窗边，欣赏窗外的树木，感受新一天苏醒时的活力氛围。这份宁静与平和深深地感染着我，倍感愉悦。当孩子们醒来时，我已经调整好了心态，大脑可以轻松地应对抛来的各种信息。曾经有段时间，我无法做到专心。那时，因为太累了，我每天早晨都和孩子们一起醒来。对于我来说，早起根本不可能，温暖的床铺和被窝里的每一分钟都显得无比珍贵。不幸的是，这样做的后果往往是一个令人烦躁的早晨。因为我需要一段时间来让自己逐渐清醒，而孩子们却不需要这个过程，他们能瞬间迅速醒来，真的是各个层面上的清醒。

这种状况显然无法带给我们一个愉快的早晨，恐怕对任何人都是如此。

诚然，早晨可以选择进行一些运动、冥想或其他活动，为一天的成功开始和积极的生活奠定基石。但说实话，每当想到这些，就会感受到沉重的压力。多睡一会儿，可能得到的会更多。有一段时间，我曾误以为必须在清晨完成所有事情，才能成为一个健康有活力的妈妈。我确实尝试过这样做，但那种体验并不愉快。为什么要逼迫自己去做感觉不自在的事情呢？那样的开始，又怎能算是一个美好的一天？于是我选择了放弃。现在，我终于找到了适合自己的生活节奏，一个既能放松、又能馈赠我和孩子们美好清晨的开始。

你的情况如何？是否在某些方面看到了自己的影子？一天的开始奠定了整天的基调。那么，你的基调是怎样的呢？为了弄清楚这一点，可以尝试从某天早晨开始，记下全天要做的事情。具体记录，什么时间做什么事。上午是如何度过的，中午感到多疲倦，下午精力多充沛？以及晚上又有多累？思考哪些活动可以合并，又有哪些需要用其他活动替代。通过有意识的记录，你能更直观地看到事情的真实情况，了解自己，需要转动哪一颗螺丝钉，做出哪些调整，从而确保一天能有一个成功的开始。

锦囊 3：好好照顾自己

我照顾自己。负责照顾与自己有关的一切。无论是家务琐事、孩子的成长教育、社交活动、职业发展、健康饮食还是日常锻炼，我都尽职尽责。我根据季节的变换，筹办各种庆祝活动；即使没有特别的节日，也会主动张罗聚会，毕竟大家相聚的时刻总是很开心的。我负责接送孩子们穿梭于各种活动之间，同时也关注他们的社交需要，为他们预约“玩耍约会”。不管怎样，我也就这么跟着叫，跟着做。即便孩子们逐渐长大，到了可以自己选择朋友和安排约会的年纪，我仍然会关注他们的社交圈子。这么做，无非是想确保，最终大家都能快乐。同时，我也很关心孩子们都和谁在一起，这自然也包括对其他孩子家长的了解。我可不想出现这样的情况：孩子们之间建立了深厚的友情，而我却要在他们的生日派对上与一些我不太喜欢的人寒暄。当然，我尊重孩子们的选择，他们的朋友首先是他们的，但作为一位妈妈，我也会一直保持着关注，毕竟，我永远是他们的妈妈。

我组织家庭聚会。铭记每一个生日，不会忘记母亲节、任何一个纪念日或其他什么节日。在策划活动时，我总能让一切显得轻松自然，每项安排都恰到好处。安排聚会对我而言也是小菜一碟，高质量的团聚时光则是对烦琐准备工作的最好回报。不过，我偶尔也会因为忙于计划而忘了时间有限，毕竟一天只有24小时。这也就不难理解，为何晚饭过后我常常会感到疲惫不堪，哪怕邮箱里还有未读的邮件等着我回复。

我照顾自己。不是因为别人无法胜任，而是没有人能做得像我一样好。生活中的大小事务，我均了如指掌。各种数据，我如数家珍，不必像先生那样频繁查阅日历。不需要！你可以问我所有的事情。孩子们的每项活动，包括地点、时间和日期，我都能脱口而出。我不仅知道以千米为单位的路程距离，还知道从甲地到乙地所需的时间。我对每次拜访他人的时间、频率和时长都很清楚。无须任何人提醒，我也会把一切都安排得井井有条。我一直都在照顾周围的人与事，却唯独忘了关照自己。当我渴望在孩子们上床之前就寝，以换取片刻宁静时，这种想法几乎把我弄了个不知所措。我希望没人打扰，没人询问，不！我什么都不想做了。但与此同时，我知道没人知道袜子丢在哪里，图书馆借来的书放在哪里。而这些，我甚至都不用下床，就知道在哪儿。因为大家都习惯于依赖我，只要询问我就能轻松找到答案，所以没人再费力去寻找什么了，或者把某件物品妥善收藏起来，或者伸出援助之手。然而，提供援助并非毫无风险。起初，在我以为自己能把所有事情做到尽善尽美之前，周围总是不乏热心的帮助者。不论是提供往返体育俱乐部的接送服务，还是带着亲手做的沙拉来探望我的朋友。不知为什么，情况发生了转变，因为当我做客时，事情变得更简单。我想什么时候离开就什么时候离开，而不必等到朋友疲惫不堪才回家。不知什么时候，形势逆转，现在矛头只指向我。不过，我并不想抱怨，尽管心底或许有一丝这样的情绪。

自从当妈妈以来，我一直在尝试多任务管理。即使从纯粹的科学角度来看，人可能无法同时处理多项任务，但我始终相信自己是个例外。过去，我曾尝试过这样做，而且表现得相当出色。

有了孩子，生活中无非就是多了几项任务，没什么大不了的。这就像一个杂技演员，他开始先抛接五个球，然后轻松地再加进一个球，游刃有余。我偶尔会遇到其他女性，她们跟我一样，以同样的方式思考和行动，我能看得出她们有多疲惫不堪。所以，我们不是简单地从已有的众多选择中挑选，而是通过观察其他人所遇到的问题，进而采用另一种方式去执行。或者，我们会寻找他人的成功经验，并借鉴过来。比如，我们会在晚上 10 点去健身房，因为这个时间段免费，我们别无选择。又或者，我们会模仿邻居尝试间歇性禁食，即便这对我们并无实质性帮助（我这里主要指的是精神层面的满足）——对，就是“跟风”的心态。我们已经在很大程度上复制了别人的行为方式。我们也知道，历史上许多人在不同的时间段——一天、一周、一年内完成了许多艰巨的任务，其中一些任务肯定比我们今天所做的更消耗体力。然而，尽管我们明白过多的比较并无益处，我们却仍然一而再、再而三地重复这样的思维循环。

在对待自身健康和预防保健方面，我们也存在类似的情况。我们时常会回想起自己的童年，以及想起祖父母说过的一句话：“自己来的，也会自己走。”同时，我们也会想起家中对待疾病的态度和方式。

很多时候，我们可能会喉咙痛、头痛，感到疲惫不堪，渴望休息。然而，当听到小脚丫嗒嗒嗒地跑进卧室时，我们便明白，是时候起床了。我们得准备早餐，检查学习用品是否齐全，给孩子一个紧紧的拥抱以驱散他们一天的不安全感，最后陪伴着，把他们送上校车。

在这些时刻，我们会怎么做呢？我们会从橱柜里拿出速效药，泡上一杯热茶，期盼着下午能够恢复精神。或许你会在喉咙里含上一颗清咽糖，或是从小药箱里掏出一粒维生素片来给自己提神。我们做这一切，都是为了能够继续履行生活中的各种义务，无论是家庭琐事、工作任务，还是邻里间的互助。但我们却往往忽视了一点：静下心来，倾听自己身体的呼唤，给它片刻的休憩。试想一下，如果孩子或是闺密感到不适，我们会毫不犹豫地劝他们上床休息，无须多言。然而，当类似的情况降临到自己身上时，我们却总是犹豫不决，反复思量，权衡各种可能的后果。也许我们会考虑更改一下约会的时间，但最终，我们往往还是选择继续前行，而不是躺在床上静养。毕竟，总有那么多事情等着我们去做：在家中、花园里、办公桌旁。说到底，这些小症状似乎也不足为惧，我们当妈的，不能就这样躺在床上！

然而，可以！我们可以！方法很简单：转向床边，脱下鞋子，躺下，盖上被子，结束。

或许这听起来像是在偷懒，或者显得我们缺乏应对生活的能力。但请相信，当你的身体处于不适状态时，这正是它所需要的。卧床休息不是为了逃避，而是为了康复。当你感觉不适时，允许自己躺在床上休息，无须任何负罪感。

是的，作为妈妈，无论是在家庭还是职场，我们肩负着重大责任。然而，在这些责任之上，有一项责任高于一切：那就是照顾好自己，这包括身体和心理层面。如果我们忽视自己的不适，硬撑下去，对任何人都没有益处。首先，你的身体缺乏必要的休息，这会让情况变得更糟，而不是更好。其次，你可能会把病症传染给周围的人。在工作或交通中你可能会分心，而失去专注力会导致失误，甚至引起严重后果。

同时你也在为孩子树立一个榜样，一个暗示你自己也很重要的榜样。你可能觉得自己无比强大，因为你掌控了日常生活。但归根结底，可能还没有意识到，你对自己来说并不重要，以至于都不重视自己。你的健康和幸福，同样值得被放在首位，就如同你会毫不犹豫地照顾身体不适的家人一样。

以下是我送给你的生存策略：

- 在日常生活中，允许自己获得帮助。
- 寻求支持不是什么可耻的事情，而是一种自我照护的体现。
- 千万不要将自己的日常生活与其他女性进行比较，因为每个人的日常生活都各有不同。
- 你的存在本身就是一种价值，因为你是伟大的，不必通过完成什么来证明自己。

● 在日常生活中，允许并计划好你的休息时间。

● 与其一口气列出一个庞大的计划，不如分解成多个小目标，这样日子会有更多喘息的空间。

● 当其他方法都无效时，不妨大声喊出，你想说出的内容。

● 如果你生病了（无论身体上还是心理上），请及时就医，接受检查，然后让自己休息，等待康复。

锦囊 4：觉察你的感受

我坐在餐桌旁，原本打算写作，因为记录想法总能带来喜悦。然而，坐在身旁的女儿，她在写自然课的作业时遇到了难题，急需我的帮助。于是，我放下原先的写作计划，转而协助她。我们一起阅读了题目，上网搜寻合适的图片，设计了海报，对结果十分满意。她的喜悦超越了我的，因为我的初衷本是想做另外一件事。

我感受到胸口沉闷的压抑和一种愤怒到几乎落泪的冲动。这种感觉并非因为我不愿意帮助女儿，却又不得不进行下去的学业辅导，也不是因为疫情期间的居家学习，让女儿无法在学校解决学习问题，更不是因为我排斥扮演老师的角色。

尽管这些因素都或多或少与心情有关，但我现在却想把内心的痛苦归咎于整个世界。

然而，真正的感受其实源自内心深处的另一个自己——那个内心的小孩子。内心的孩子现在不能做她想做的事。内心的孩子渴望发挥创造力，享受玩耍时光。内心的孩子拒绝被束缚在成年人那些条条框框里，她追求的是无拘无束、没有责任的轻松，只是单纯地存在，不需要做任何事。

的确，我可以选择屈从这种内心的冲动，但现实是，我的身份是一位妈妈，而不是那个自由自在的孩子。

作为妈妈，我能做些什么

首先我能够感受，内心的抵触情绪。但我不因此评判自己，因为我实际上已经做得很好了，孩子也没有对我表示反对。我选择停下来，静静地感受自己。我清晰地、有意识地感受着自己身体的每一个反应——胸口的沉闷压抑、心中的挫败感，以及眼眶中湿润的泪水。我能够觉察到这些情绪，即使它们有时让我觉得不知所措，即使思绪如过山车般翻涌不息。这些情绪和思绪试图迫使我评判自己，或者强迫自己表现得一切正常。我们的想法自以为能解释感受，然而这通常都不正确，因为真正需要做的不是理解，而是去感受。

这种感觉会持续多久就让它持续多久，并没有固定的时间限制。重要的是，要留意自己什么时候开始感到放松——不是漠不关心的放松，而是你能切实地感觉到压力在减轻，眼中的湿润渐渐退去。这些才是真正的参考指标。虽然我无法立即改变现状，也没有快速解决问题的万能方法。但我能以一种更为轻松自然的方式去应对，采取不同的行动。或许，我不会再因为胸口的重压而对孩子发泄不满；或许，我不会再因为事情没有按照自己的意愿发展，而愤怒到把餐桌上的东西都打翻在地。如果我能停下来，深呼吸，去感受一下发生了什么，那么，这些感受就会像海浪一样，流淌过我的身体，然后退去。平静之后，我就能更清醒地审视现状，并做出一位妈妈应有的决定。无论这个决定是什么。因此，如果我能够让这些感受自然地来去，不加以抗拒，那么我之后的行动将会更加明智。

感受是要花费时间的

的确，事实就是如此。那我们为何不抽出时间来感受呢？究竟有什么在阻碍着我们？是那些待办事项清单、社交媒体上的下一篇文章，还是晚餐的准备？请扪心自问，还有什么比你自己更重要的呢？比你的真实感受更重要的呢？比让你的生命保持鲜活更重要的呢？没有什么！既不是什么时间表，也不是什么预约。当你内心翻涌、无法平静时，说明你遇到了问题。如果你忽视这种感觉，就可能会采取越级行动——说实话，我们都清楚这些冲动行为会带来怎样的后果。这往往不是真正想要的那种方式。

每种感觉都很好吗？当然不是。并不是每种感受都是愉悦的。我也曾希望自己能一直保持良好的感觉，完全放松，内心波澜不惊。然而，从另一方面来说，如果生活真的那样，可能会变得单调乏味。因为如果感受始终如一，没有任何变化，那么我也就无法体验到生活的多样和丰富了。

想对所有的妈妈说，请去感受自己的情绪，一直都这样感受。这一点始终都很重要，因为感受就像是一个导航系统，为你们的生活和育儿之路指引方向。请不要因为自己已经成年，就选择忽视或逃避自己的真实感受。现在，不需要再像孩子那样叛逆，但也要学会正视自己的情绪。有时候，渴望去玩耍，却不得不为晚餐忙碌时，我们也有权利感到生气。你越是能够积极面对并有意识地体验自己的情绪，孩子就越能感受到你的真实。他们的触角又细又小，看不见摸不着，却总能敏锐地觉察到你的情绪变化。为了让彼此之间的相处更加融洽，我们需要勇敢地表达自己的内心世界，展示真实的自我。这样，就无须再去猜测对方的想法，更无须上演一场场感知的猜谜游戏。此外，这样做还能让孩子从小就能坦然面对和表达自己的感受，因为他们会明白，感受是生活中不可或缺的一部分。这种方法同样适用于其他关系，无论是与伴侣还是与同事的相处。

锦囊 5：将妈妈和家庭主妇的角色分开

我非常享受当妈妈。和孩子们一起做快乐的事情，比如互相挠痒痒，紧紧拥抱，给他们朗读故事，都让我觉得特别开心。我也很享受和孩子们在咖啡桌旁聊天，还有晚上听他们安静而有节奏入睡的呼吸声。尽管有些游戏我并不特别喜欢，但还是乐于和孩子们一起玩耍。当他们因为觉得自己受到不公平对待而抱怨，尤其是看到其他孩子允许做更多事情时，我们会起争执，有时多些，有时少些，但我也喜欢这些时刻。我深爱着生命中这些了不起的小家伙们，能够陪伴他们成长，见证他们如何一步步塑造人生，看他们用什么样的价值观丰富生活，这一切都让我满心欢喜。没错，和孩子们在一起的点点滴滴，都让我的内心熠熠生辉。

但有一点我不喜欢！

在我当妈妈之前，我总天真地以为，我可以悠闲地躺在沙发上，整天怀抱着我的宝宝。然而没人告诉我，成为妈妈后还得面对一堆烦琐的家务，比如换尿布、洗衣服。这些琐事，跟做饭、购物、熨衣服等一样，都是家常便饭。扪心自问：谁又会真心喜欢做这些家务呢？反正我不喜欢。

我虽然不喜欢打扫卫生，但还是会去做。同样，洗衣服、做饭和倒垃圾这些家务活，虽不情愿，但也都会完成。之所以做这些事情，是因为它们是日常生活的必要组成部分。我需要做这些琐事，以确保孩子能在健康、整洁的环境中成长，避免他们浑身脏兮兮、臭烘烘地到处跑。这些琐事能为孩子提供一个稳固的成长基础，让他们自由地去探索世界，而不用担心身体虚弱而轻易倒下。我做这些事情，纯粹是出于对孩子和家庭的责任感，而不是因为喜欢做这些家务。

把当妈妈和家务分开

有些女性会感到当妈妈真的很累。不过仔细询问后发现，她们其实并不反感与孩子相处的时光，而是觉得作为妈妈所要承担的责任和义务让她们感到疲惫。换句话说，就是那些一眼望不到头的任务让她们感到压力很大。这些任务不仅包括家务活，还有工作、带孩子看医生或是开车送他们去上兴趣班，等等。说实话，这些事情每位妈妈都得面对，甚至已经习以为常，想都不用想。但可惜的是，在日常生活中，我们总是先注意到那些让我们头疼的事情，而忽略了我们其实也喜欢的事情，失去了原本可以享受的视角。

身为咨询师和作者，我也有着自己的喜好。我特别乐意看到女性朋友阅读我的文章，并与她们深入交流其中的内容。我热爱写作，用语言和文字记录想法。然而，生活中也有些琐事让我头疼，比如年底报税或是更新电脑防毒软件，这些实在让人提不起兴趣。同样我还热爱驾驶汽车，把所有东西往车里一扔，然后就上路，享受驾驶的乐趣。不过，每半年要更换一次轮胎，还有那些即将到来的维修账单，就让人愉快不起来了。我热爱美食，与人同坐餐桌旁，边吃边聊，别提多惬意了。但是，提到提前采购食材，我就觉得头疼——虽然我知道这是必要的，但每次买菜都让我觉得是件烦心事。还有做饭，也不是我所热衷的。

通过这些例子，我想告诉大家：每件事情都如同一块奖牌，有着正反两面，而我们则拥有自主选择关注其哪一面的权利。

虽然生活中总有些不那么令人愉快的事情，但我依然坚持做我热爱的事情。原因无他，只因我对这些活动的热情与喜爱，远远超出了对那些相关职责所带来的烦恼和忧虑。

这对你意味着什么

走出妈妈身份的舒适区，或许意味着你热爱妈妈这个角色，但仍可能对熨衣服这样的家务感到厌烦。没错，这种感受十分正常。你不必喜欢做家务。选择在家陪伴孩子，绝不意味着你就是一个没有职业前景的家庭主妇。

如果你热爱妈妈这个角色，那就放手去做，全心投入到每个细节中。要理直气壮地将妈妈的身份与琐碎的家务分开看待。很重要的一点是，别让他人随意给你贴上“只是家庭主妇和妈妈”的标签。

你越是自信地拥抱自己的妈妈身份，他人就越难以质疑和轻视你，或是将你束缚在让你感到不自在的框架内。

思绪舞动

思绪涌来。
思绪离去。
有些停留，
只是短暂的片刻，
有些则伴随一生。

我将某些思绪拆解，
成为碎片，
细细剖析。
将它们一一拆开，
再重新组合。
搁置一旁，
留待以后，
或某个时候品味。

在思绪里，
在碎片中，
我认出了自己。
我的思绪塑造了我。
塑造了我的生活。
我的存在。
我的行动。

我如何思考，便如何说话。
我如何说话，便如何思考。
关于我自己。
关于他人。

我以自己喜欢的方式，看待世界，
以自己喜欢的方式，塑造世界。
我有选择权。
关于我的思绪。
关于我的行为。

锦囊 6：放下你的期望

我对仪式情有独钟。无论是晚上共进晚餐，还是周末午后结伴郊游，我都乐在其中。这种一再重复的团体活动，不仅能增强凝聚力，更能带来满满的乐趣。这正是我作为妈妈一直希望看到的结果，也是这些活动所带来的美好收获。

没错，我承认，每次参观自然博物馆时，我内心总会盼望氛围能更加和谐愉快。这种期望源自内心深处，但我深知，期望并不等同于现实，我无法保证每次都能如愿。换句话说，即便我满心期待一个愉快的午后，也不能确定它一定会如我所愿、顺利发生。有时候，这些原本应该充满欢笑的时刻，却以泪水和愤怒收场。这往往是因为，我期待着美好，而周围的人却各有各的想法。

为什么会这样呢？原因就在于我。你不这么认为吗？但事实确实如此。

每当对和平与幸福满怀期待时，我就会散发出这样的能量。就像一个固执的小孩，我的情绪和期待会像水面的波纹一样，不断向外扩散，给周围的环境带来压力。尽管我对物理学了解不深，但我也知道，有压力就会有反作用力。

那么，究竟是什么原因让我们充满期待呢？

因为我们常常心不在焉，不在当下。我们总是期待着未来的某个美好时刻，而这种期待往往伴随着积极的情绪和憧憬。为什么会这样呢？因为我们现在过得并不开心，所以迫切希望情况能迅速好转。我们回想起过去某个美好的瞬间，渴望能重现那份美好。然而，必须认识到，生命中真正属于我们的，只有此时此刻，即当下。忽视或错过这个宝贵的“现在”，实在是一个不明智的选择。要知道，我们既不能重现过去的美好，也无法提前体验未来的精彩。

当然可以期待某个事件的发生，但是我们不能强求同伴也抱有同样的期待。同时，也不能奢望这个结果能够满足他人的需要，就如同满足我们的一样。能做的，仅仅是提出建议而已。以孩子们为例，有时候他们会努力“跟上我们的步伐”，但当他们情绪不佳时，我们可能会成为他们的发泄对象。因为在当下，所以我会选择如其所是地接纳他们。这包括他们分明的棱角、暴躁的脾气，甚至是尖酸刻薄的话语。

这样的接纳，远比沉浸在自己的想象中，期待事情应该如何发展，要让人来得更加轻松自在。

锦囊 7：相信自己的决定

你无法取悦所有人，尤其是面对自己的孩子时。总有人爱抱怨，或是煽风点火。很多时候，这些人并没有被询问意见，但他们却大声地表达观点。

总有人自以为无所不知。要么是因为他们读了一些东西，要么是因为在电视上看到了某些内容。而那些未经询问就主动给出的建议，往往被他们看作是最好的方法。

假如我把孩子送去托儿所，总会有人觉得太早了，也会有人认为已经太晚了。这好像就意味着我的孩子不管怎样都会受委屈。同样，如果我让蹒跚学步的孩子看电视，也会遇到类似的争议。甚至在学校教育、休闲活动以及日常饮食等方面，总会有不同的声音。

最有趣的是，当孩子们开始表达自己的观点时，他们经常会以这样的开场白开始：

“其他的小朋友都允许……比如更晚上床、看更多的电视、听更大声的音乐等，只有我一个人不允许这么做！”

在这种情形下，我常常会想，我这到底是怎么了？

我的意思是，我正在考虑我们家庭的规则和教育方式。我所做的这些，绝非是想要欺负谁，也不是为了试探别人对于我如何教育孩子的看法。我有着自己的价值观和行为准则，我曾阅读过大量相关主题的书籍，也和我先生多次探讨过这些问题。有时甚至还会和其他妈妈们一起交流。我绝不是闭门造车，凭空想象出某些坏主意。远远不是这样。

然而，我总觉得有那么一两个人似乎这样看我。要不然，为何总有人主动提出各种建议和意见，告诉我该如何改进，却从没有问过一次，我为什么决定这样做？

为什么我们不是相互支持，而是让彼此心神不宁

有人说，人类是群居动物。这意味着，只有相互扶持才能生存下去，不是吗？就像大象那样，一旦遭受攻击，它们会把幼崽和体弱的同类围在中间，给予它们最大限度的保护。企鹅在冰天雪地中，也会时常紧密相拥，以便所有企鹅都能感受到温暖。但不知为何，我隐隐有种感觉，人类在这方面做得并不够好。

任何在现实生活中担任妈妈角色的女性，都深知这其中的艰辛。无论是在孩子们的游乐场上，还是在幼儿园的接送区，抑或是在热闹的烧烤聚会上，妈妈们的每一个举动似乎都在接受着周围人的审视和评价。如果这种观察和交流是出于双方的认同和尊重，那对所有在场的人，这确实是非常充实且有价值的。但遗憾的是，很多时候，人们会在背后议论那些并不在场或者就在附近的妈妈。我就纳闷了，这究竟是为什么呢？

我们都搭乘在同一艘船上。每个人都有自己独特的经历和故事，如果能互相分享，岂不是很棒吗？通过交流，每个人都能从他人的经验中汲取养分，获得益处。在困难时期，这些分享或许能为彼此带来一丝慰藉和轻松，同时，这也是一个学习和成长的机会。

但话说回来，为什么我们有时会把这些美好的分享变成竞争的工具呢？比如，比拼谁能举办最豪华的儿童生日派对，或者谁能一晚烤出最多的蛋糕，甚至圣诞节谁家装饰得最丰富多彩。难道更值得我们珍视的不是

别具特色的多样性吗？

相信你的决定

我想说的是，每位妈妈都有权选择她想成为的样子。同时，我也呼吁大家，别总是和别人比较，因为这种攀比心态会阻碍你们做出明智的决定。

每个时代都有它独特的优点和局限性。在过去，妈妈们可能会基于当时的情境做出不同的选择。比如，在战后时期，只要能让孩子们活下去，妈妈们就心满意足了——孩子们穿着暖和，晚上有热饭吃，这就足够了。而到了 20 世纪 70 年代，母亲们则因为能够留在家里，不用像前辈们那样全职从事繁重的体力劳动而感到欣慰，她们因为能多花时间陪伴孩子而感到幸福。而现在，条件已经完全不同了，今天的妈妈们可以做出更多样化的选择。

对于身为妈妈的你来说，这意味着你要做出自己认为对的决定，别被那些老套的育儿方式、邻居的闲言碎语或是新奇但未经验证的理念所左右。你要根据自己的价值观和判断来行动。你的生活是自己的，得由你来做主，而不是听别人怎么讲。每天都意识到这一点，并且坚信自己的选择是对的。

我给你的启示——

- 你有权决定什么对你的孩子最有益。
- 你可以选择全职在家中或是出去工作。
- 你允许基于自己的价值观和人生观来做决定。

显然，你不仅是一位妈妈，更是一位女性，了解自己的能力，而且懂得如何运用这些能力的女性。

锦囊 8：找到你的妈妈愿景

成为妈妈并不难；相反，扮演好妈妈的角色，却非常难。虽然这听起来像是老生常谈，但它的确是真的。

26 岁那年，我迎来了第一个孩子。在那之前，我对成为妈妈抱着极其理想化的观点。实际上根本没有什么想法。当时我唯一能确定的是，养育孩子是一件美好的事情。我肯定会做的是，和他一起嬉戏玩耍，一起动手做手工。孩子躺在摇篮里，如天使般可爱，咯咯地笑着，小脚丫欢快地蹬来蹬去，穿着漂亮的连体衣。我的生活因他的到来而充满欢乐。

第一个孩子降临人世的次日，我的世界便彻底改变了。白天的作息时间乱套了，夜间的安稳觉也化为泡影。全部生活开始围绕这个小生命，首要职责就是确保他能活下去。坦率地说，最初的那几周对我而言，简直是魔鬼般的任务。

在第一场暴风雨般的混乱与不安平息后，我和宝宝的生活开始有了规律，一些想法涌上心来。我开始思考，成为妈妈究竟意味着什么？

您对母亲角色的定义才是最重要的

在青少年时期，我以为会成为一位积极参与孩子成长的妈妈，想象着能从陪伴孩子玩耍与成长中获得深深的满足感。然而，当真正成为母亲后，我发现自己与预想中的形象有所不同。我并非事事都想插手，也不会对所有混乱视而不见。我不会在儿童游乐场无所事事地坐上几小时，更不会让孩子随意品尝各种食物。

我是那种喜欢大声朗读，晚上会拥抱孩子的妈妈，是鼓励孩子与朋友们一起玩耍的妈妈。我是那种说“家里太乱对家庭福气不利”的妈妈，是喜欢每天能有几分钟独处时间的妈妈——而不仅仅局限于上厕所时的片刻宁静。我是一位妈妈，也是一位女性，希望别人直接称呼我的名字。作为一位妈妈，我喜欢与成年人交流，探讨属于成年人的话题。

我就是这样的妈妈。为什么这么说呢？因为我不仅仅是一位妈妈，我还是雅娜——一位有着自身需要的女性。同时我也有自己的梦想，有交心的朋友。我还是一位职业女性，在做妈妈的同时还有自己的职业追求。

这就是我对妈妈这一身份的诠释。正如我有自己的看法一样，每一位妈妈，每一位女性，都有自己的独特见解。这种多样性是美好的，明确展示了每个人的无限可能。但实现这一切都需要一个前提，那就是你自己的人生愿景。

我的定义不必是你的定义

人生观在很大程度上是由我们身边的人塑造的，其中影响最深远的往往是父母和祖父母。在原生家庭中，我们自然而然地继承了他们的观念和行为方式，而这些经验在童年时期都被我们视为人生的全部，理所当然，从未过多质疑。然而，随着青春期的到来，我们开始重新审视和思考这些早年的经历。要将这些元素调和在一起，我们需要运用书本上的知识，提出问题，并通过实践去创造自己独特的体验。然后，我们会逐渐形成自己对事物的定义，树立自己的人生观，甚至产生自己对于如何做母亲、如何定义职业成功等问题的独特想法。这本应是件好事，是个人成长和发展的体现。不幸的是，尽管女性在这些方面有所发展，但她们在扮演妈妈角色时，却常常与自己的真实想法不符。她们的真实议题和感受被压抑，因为她们觉得自己必须符合某种特定的形象。无论是社会所期望的形象，还是自己的母亲和祖母所树立的形象，又或者是瑜伽课上朋友所展示的形象。

我们为什么要这样做

我们渴望归属感，因此避免叛逆、异议、冒犯和引人注目，我们既不愿采取其他方式，也不知道其他方法。或者更确切地说，我们从未真正构想过自己的愿景，从未质疑过自己的不适，也从未明确展示过自己的梦想和目标。我们深信现状无法改变，只需默默忍受，期待一切最终会自然而然好转。

坦率地说，等待无法带来改变，唯有行动才能让一切变得更好。无论外界如何看待，我们都应积极发展并坚信自己的想法能够实现。我们要为自己的生活担负起责任。当然，有些母亲可能更富有耐心和毅力，她们喜欢烹饪有机食品，也愿意在操场上陪孩子玩几个小时。但你只需做好自己，坚持自己的价值观和理念。在孩子们眼中，你是最出色的妈妈。你通过定义自己的妈妈角色，向她们展示了每个人都可以成为自己想成为的人，做自己想做的事。人们各不相同，这正是世界的多彩之处。

所以，请明确你对妈妈这个角色的个人定义，既不要将自己与其他妈妈进行比较，也不要让这个身份限制你。妈妈这个角色，只是你人生的一部分。

锦囊 9：活出家庭沟通

我嫁给了一个能力又强又顾家的好丈夫，还有两个活泼开朗可爱的孩子。当我不管理家庭日常生活时，我是“走出女性盒子”的创始人。负责线上和线下的所有事务，这带来了无比的快乐。可以说，我的生活打上了众多家庭的烙印。

在个人生活和工作中我都体验到了，家庭会多么令人疲惫不堪。尽管我深爱家人，尽量关注事情积极的一面，但也存在着相反的另一面。有些日子，似乎什么事都做不好，每个人都说错话，家人们坐在一起吃晚饭时，气氛压抑、唉声叹气。作为社会的最小单元，家庭需要经营。在大多数情况下，这意味着努力付出。没有什么是白白捡来的，即使在家庭中也是如此。虽然这听起来有些刺耳，但的确是我的真实想法。

如果没有人为家庭做任何事情，这个家庭该如何运转

不久前，我曾对一种说法大为愤怒。之所以动怒，是因为“有家庭即意味着工作”这种表述，在我看来简直荒谬至极。我始终认为，如果某项活动没有让我感受到费力，那它又怎么能被看作是一项任务呢？家庭与职业，是截然不同的概念，怎能简单粗暴地将它们画上等号？这句话显然混淆了两者之间的本质区别，我坚决反对任何持有这种观点的人。

然而，在某个时刻，我深入思考并结合自身的经历审视了这句话，最终不得不认可这种说法的合理性。拥有一个家庭，真正过好家庭生活，意味着每天都需要为这个家庭做点什么！我所说的不是指什么惊天动地的壮举，而是那些看似微不足道的日常小事。或许是一个温馨的拥抱，或许是对家人的一份深切关注。这些小事汇聚成家庭成员间的共享体验，一起塑造出自家的家庭仪式。在这样的家庭中，每个成员都有发声的权利，每个人的心声都会被倾听和尊重。这需要我们花时间陪伴彼此，用心化解生活中的矛盾和冲突。

因此，我深信相互欣赏的沟通是构建和谐家庭生活的基石。我并不是指家庭生活中不会有分歧，恰恰相反，我所强调的是一种充满信任的氛围。在这种氛围中，每一位家庭成员都能自由地表达观点和想法，而不必担忧会被忽视、排斥或评判。

说到沟通，有多种方式可以与家人保持紧密联系，从而确保每位家庭成员的需要都能被充分了解和满足。

欣赏式沟通有以下几个方面的基石：

- 家庭成员在一起的对话和共同的约定；
- 家庭内部矛盾冲突的有效化解；
- 塑造和维护家庭每个成员个性的发展；
- 孩子的养育与成长；
- 与孩子一起活出来的伙伴关系；
- 增强和巩固个人的内在自我认知。

每个家庭都是独一无二的

人与人之间有多大不同，家庭之间就有多大差异。有的家庭是原生家庭，有的则是重新组合的家庭。这个家庭只有一个孩子，而那家有四个，甚至更多。有些家庭的后代是亲生的，有些家庭收养了别人的孩子，而另一些与继子女生活在一起。还有些家庭出于种种原因，不想或不能生育孩子。家庭的形式和类型繁多，组合方式各异，这正是我深感兴奋之处。因为每个家庭都独一无二，如同珍贵的孤品。有多少不同的家庭，就有多少不同的价值观、仪式习俗和美好的一面，同样也存在各自的缺憾。

我不想妄加评判哪种好，哪种不好。只要大家快乐，那便是最好的安排。但说实话，要在家庭中找到并维持平衡，往往是最难把握的部分。我们需要日复一日地摸索有效的方法，同时淘汰那些无用的。我们还得每天重新思考和处理家中的各种敏感事务，不断调整同一屋檐下所有家庭成员的需要。

虽然欣赏式沟通并不是万能的灵丹妙药，但它无疑是一个良好的起点，为我们提供了一个可稳固建设和谐家庭的基础。

在家庭中如何才能有效践行欣赏式沟通

以下是为你提供的策略。

在日常生活中预留出专门的交流时间

有意识地抽出时间与家人交流。如果能从一开始就规划好这样的时间段，那么所有家庭成员都可以提前做好准备，有效地参与其中。这样做还能给大家带来一种安全感，因为每位家庭成员都会清楚知道，什么时候能够说出自己的观点并被大家听到。

时间方案：

- 下班后；
- 晚饭前；
- 晚饭时；
- 晚饭后；
- 睡觉前；
- 作为睡前仪式。

还可以指定时间（15 ~ 30 分钟）。在这期间，任何可能扰乱对话的事情都应该避免。

沟通时在场

这意味着我们需要放下手头正在忙的其他事情，全神贯注地倾听。我自己也曾犯过这样的错误：我边洗盘子边听我儿子讲述他的事情；和先生交谈时会忍不住查看手机上的电子邮件；甚至在孩子讲述幼儿园里的趣事时，我还会在旁边写下购物清单。我们总以为这样做能更高效地利用时间，但事实真的如此吗？

我们常常只用半只耳朵倾听对方说话，同时手头还忙着其他事情。这种三心二意的方式引发了一个问题：我们这样真的算是在帮助家人吗？显然不是。儿子、丈夫都期望在与我交流时，得到全神贯注的关注。可惜的是，即使半天没有见面，我也没有给予他们应得的关注。那么，这样的交流中又包含了多少真正的欣赏和理解呢？几乎没有。

因此，当家人想要与你交谈时，请务必全然在场，放下手头一切次要的活动。这些琐碎的事务只会分散你的注意力，并对对方产生负面影响。

当你没有时间时应该怎么办呢？那就说出来。告诉对方你现在有其他的事情需要处理，暂时无法分心。但是，一旦你完成了手头的工作，你会全神贯注地陪伴他们。把这样的意思表达清楚，相信每个人都会理解的。在那一刻，他们会感到被你看见了。

避免使用可能产生歧义的昵称或爱称

我常常听到人们给孩子起的昵称。其中有些听起来确实非常可爱，有些对我来说却显得莫名其妙。为什么呢？原因在于这些昵称含义模糊，容易让人产生误解。

请看以下几个昵称：尿裤子王、小矫情、小恶魔、大嗓门、小牢骚。

孩子们还难以理解使用讥讽的真正意图。如果我们频繁地说他们像个小恶魔，他们可能真的会开始表现得像小恶魔一样。相反，如果我们一直称他们为小矫情，那我们实际上在塑造未来的娇小姐。虽然这听起来有些夸张，但在作为咨询师的实践中，我确实亲眼见证了被称为“尿裤子王”的孩子们的行为模式，以及他们对这一昵称的深刻感受。

每个孩子诞生时，都被赋予了一个独特且充满个性的名字，这通常是父母深思熟虑的结果。那么，我们为何不在日常生活中更多地使用这个专属于他们的名字呢？

避免高声叫喊

民间俗语说得好：“谁喊叫，谁就停止了思考。”

早上我总是想尽快出门，以便准时送孩子去幼儿园。可有时，孩子们却不这么想。他们认为必须现在完成昨天没结束的游戏，而这与我此时急切出门的愿望格格不入。我越是催促他们，嗓门就越不自觉地提高，好像在跟听力有问题的孩子说话一样。

我们可能都曾经历过这样或类似的场景。同样，如果伴侣正在看电视，而我有事想对他说，往往会提高自己的音量，试图盖过电视的声音。

特别是在争吵时，倾向于提高自己的嗓门。这是因为我们在情绪上受到影响，希望通过更多的语气和情感层次来表达话语。提高嗓门，无非是希望被对方听到，被对方理解。

这是各种情境下存在的共同点：我们都渴望自己的声音能被听见。然而，令人质疑的是，仅仅通过提高嗓门来实现这一点是否可行？一方面，高声叫嚷与欣赏互动或相互尊重的交流关系不大；另一方面，在喧哗中，我们停止了思考。噪声如此之大，以至于想法都不能触达自己的内心。这无疑是一种遗憾。

要不然，我们原本可以找到更好的解决办法。所以，当你下次试图提高嗓门来让别人听到你的声音时，请先暂停片刻，深呼吸。吸气，呼气，一次、两次，必要时三次。然后以平和的语气再次表达你的关切。说明为什么这件事对你而言至关重要，如果他们不听从你的建议，或是耽误太久才出门，会给你造成什么样的负面影响。

注意措辞

当你与家人交谈时，无论时间长短，请务必注意措辞。语言既可以抚慰人心，也可能成为伤人的武器。不慎的言辞有可能造成伤害，破坏彼此的信任，甚至激发愤怒和怨恨。请使用你希望被别人称呼的词语，常说“请”和“谢谢”，并努力养成积极的语言习惯。遵循这五点，作为一个良好的开端，助你在家中实现欣赏式沟通。

锦囊 10：停止比较

如果没有其他什么，生活会十分美好。想象一下，没有了其他人和他们的看法，没有了他人的观点和愿望，不需要与他人交谈，不用被他们的生活方式所影响。假如真是这样，一切都将变得简单明了。我们可以勇敢地追求自己的梦想，尝试每一种能想到的可能，去体验心中所有的渴望。没有他人的牵绊，生活无疑会轻松许多。

是这样吗

我承认，有时我会对那些喜欢亲自下厨、擅长手工的妈妈感到恼火；也会对那些能够轻松带着全部家当环游世界的家庭感到嫉妒，好像这件事对他们来说易如反掌；还有那些总是计划周全、事业有成的女性职场精英；更不要提那些带着女儿到南太平洋旅行的女性了。我可以继续列出一张类似的无限长的清单。然而，这样的比较真的对我有什么实质性的帮助吗？假如这些令我羡慕的女性都不存在，我的生活就会因此变得更加简单了吗？

我们生活在人际关系网中，与遇到的每个人都有着或多或少的联系。每一次的交往，都是展示自我、与他人在一起的机会。如果有可能，请尽量真实地展现自己。在每次相处中，我们会遇见新的伙伴。无论相伴的时间多么短暂，我们都为彼此的生活刷上了一条色彩和纹理。这些时刻，我们更深刻地体验到自我，并审视自己是否践行了内心的价值观。我们会反思，自己是否以非评判性的态度去接近和理解他人，还是心中怀揣着某些偏见。我们能感受到自己是否真诚友善，还是仅仅期望从他人那里得到什么。在这样的自省中，我们更加了解自己，知道自己是谁。

这意味着我们需要其他人，以便获得各种丰富的经验。假如没有其他人的存在——比如那些会激怒我们、嘲笑我们的人，或者那些似乎总是轻而易举拥有一切的人，甚至是那些拥有我们梦寐以求东西的人——我们就无法了解和体验到更多的可能性。如果不知道别人已经尝试过并成功了，我们就会缺乏勇气去尝试新事物。同样，我们也会忽视自己真正不想要的东西，无法看清自己不愿过的生活，以及那些想要从生活中剔除的元素。然而，正是这些与我们交往的人，提供了成长的机会，而且是每天。他们促使我们设定并践行自己的价值观，构建自己的生活理念，发展自己的职业目标。

假如世界上只有我们一个人，那么就不会产生摩擦和争论，也无法通过交流来学习新知。假如没有其他人的存在，我们就无法体会到微笑的感觉有多好，也无法感受到因为我们是我们而被爱的温暖。我们更不会懂得什么是相互扶持，也无法体验到一个拥抱所带来的温馨与慰藉。

假如没有其他什么，我们的生活将会变得单调乏味，失去色彩。

现在呢

除非你购买一座小岛，独自一人隐居在上面，与世隔绝，否则生活中总会有其他人的存在。那么，最好的选择就是让他们融入我们的生活。他们或许是朋友，是熟人，是学习的榜样，也可能是对我们产生威慑的对象。他们可以是教导我们的老师，指引我们的导师，甚至是促使我们成长的重要机会。与他们的每一次相遇，都可能是一次美好的邂逅，一个珍贵的瞬间，是富有启发性的经历。偶尔也可能是尴尬的处境，不理想的环境。你可以选择抱怨比较，也可以选择从中汲取力量。但选择如何看待这些人和事，决定权完全掌握在你手中。

锦囊 11：离开妈妈的“盒子”

离开你的盒子，摆脱你的羁绊，离开你预设的妈妈角色（卸下你作为妈妈的重担），摆脱迄今为止的生活方式。

我是认真的。假如现在的一切让你感到困扰——那么，是时候该放下了。要知道，生命只有一次，你完全可以在每一秒重新调整，重塑自己的人生。你才是自己人生旅程充满创意的掌舵者。

我也曾面临这样的处境，一个十分诱人的选择：将孩子留给伴侣，或是寄养到别人家，这无疑是一种备选方案。而我则带着手头为数不多的积蓄，到智利、巴拿马或澳大利亚等阳光充足、人们和蔼可亲的国家，去追求那份轻松自在、华美绚烂的新生活。

说实话，当妈妈真的很累。我不清楚是当初没人告诉我这一点，还是自己没听明白。这份责任仿佛永无止境，需要不停地做出各种决定。特别是当孩子们还小，根本没法与我沟通的时候，这种感觉更为明显。而即便他们渐渐长大，情况也未必会变得轻松。因为即使孩子们能够交流了，也从来不意味着，你和孩子们想要的总能达成一致。同样，如果他们有了自己的想法，也会存在分歧。更别提来自外部的各种压力了……在你忍无可忍之前，去一个你向往的地方放松一下吧。

这真的是你想要的吗

尽管这个提议听起来非常诱人，可是我同样觉得它难以实现。毕竟，当初是出于自己的意愿决定要孩子的。我抚养孩子，或许并不总是为了发脾气和生闷气，但肯定是为了其他的一切。我期待看到孩子们逐渐长大，期待了解他们如何安排自己的生活，与什么人分享生活，以及是否采纳了我的一两个想法。正因如此，不把自己强塞进陈旧的角色定义和期望束缚就显得尤为重要。我需要找到自己的定位，这样，孩子们最终才不会感到被遗弃。

你的愿景是什么

在学校，我们汲取了大量的知识，其中既包括自认为有意义的主题，也有一些之后再也不需要的内容。但不论如何，这些都为日后的生活奠定了良好的基础。然而，更加明智的做法是，我们应该学习如何处理现实生活中的话题，而不仅仅是在遇到困境时手足无措。

我仍然清晰地记得第一次，也是唯一一次参加的产前课程。我和其他准妈妈围坐一圈，沉浸在即将成为妈妈的喜悦与期待中。课程中，我得到了一种印象，那就是分娩时只需进行三次深呼吸，孩子就会顺利地分娩出，然后安静地躺在婴儿床上。但实际上，这一切都可能以不同的方式结束，孩子也不会那么安静、乖巧地躺在那里。遗憾的是，这些实际情况在产前课程中并没有谈到过。

或许这是一件好事，我们事先并没有过多的预设和担忧。没有分娩的痛苦，没有因孩子夜晚哭闹带来的不眠之夜，也没有随着孩子成长而可能出现的争执和矛盾。然而，更为明智的做法是，至少花些时间短暂地想一想，这样，当面对现实中的惊讶时刻时，我们就能更加从容不迫。最令人感到沮丧的是，我渴望在陪伴孩子们的同时，也能保留一些属于自己的空间。我一直误以为，这是因为我爱得不够深沉，但后来才逐渐意识到，每个人对妈妈角色的理解都不尽相同，我也有权寻找并实现自己的价值理念。特别是在耐心达到极限，无法再与孩子们一起在地板上嬉戏的时候，我更加意识到自己需要一段独处的时间。在这段时间里，我渴望被那些能够带给人满足感和快乐的事物所包围，这些都是属于我个人的，无须对其他生命负责。这样，当我再次回到孩子们身边时，我就又有了和孩子们在一起的兴趣。

任何一位妈妈都不应该感到内疚。选择成为妈妈，或者选择不成为妈妈，这都是我们个人的决定。

同样地，我们也决定着要成为一个怎样的妈妈。无论是选择全职工作还是兼职工作，无论是亲手做饭还是选择点外卖，所有这些决定都只有一个衡量标准：它对你有益吗？对你的孩子有益吗？

母爱不是一场竞赛

我们深知，每位妈妈都是无与伦比的存在。我们清楚，每位妈妈都会竭尽所能，凭借自己的知识和良知去履行母职。我们也意识到，无论何时何地，每位妈妈总是在努力做到最好。然而，我常常思考一个问题：为何我们总是不自觉地（或有意识地）陷入竞争之中？为何总要比较谁的家更整洁，谁的烘焙手艺更出色？为何要与孩子们一起做创意手工，然后急于到处展示？究竟是什么原因，让我们相信自己的选择和行动必须与他人相较？这种竞争心态真的必要吗？

对于这些提问，我无法给出确切的答案。但我深知一点，那就是当妈妈不是一场竞赛。在这场旅程中，没有人会获得奖杯或证书作为最终奖励。最多，孩子会向我们表达感激之情。而这种感激可能因人而异，就像每个家庭的育儿理念各不相同一样。只要我们明白，这一切都与我们和孩子之间的关系息息相关，就能减轻自己的压力，不再过分关注自己是否做得比别人更好。毕竟，没有什么比与孩子共度的时光更加珍贵。

只要和孩子在一起，我们就是妈妈。只有这样，我们才有机会扮演妈妈这个角色。而不是在没有孩子在场的情况下，参加所谓的“妈妈聚会”，因为我们总是想要比较各自都做了些什么，以及是如何做到的。当然，母亲之间的交流非常重要，没有孩子在场的交流，它可以改变我们对待孩子的方式和看法。但是，比较谁烤了多少香蕉面包，进而想要成为所谓的“香蕉妈妈”，这真的没有必要。因为即便做了再多的这类面包，也并不意味着孩子就一定喜欢吃香蕉面包。

我不清楚这种竞争心态究竟来自何处，是媒体、社会还是我们自己的家庭环境。不过，追根溯源并不是关键，重要的是我们要意识到，这不是一场真正的竞争，没有人能在这场博弈中成为真正的赢家。反而，我们唯一可能失去的，是在这种竞争模式下可能受损的与孩子的关系。说实话，这样的损失，实在是不值得。

最佳版本

我是一位母亲。

自主的选择，
有意识的决定却在某些日子里，
迷失了方向。
不知所措，
心中满是彷徨与无力。

我不会烹饪美食，
不会烘焙甜品，
也不会缝纫衣物。

面对无休止重复的游戏，
我有时会疑惑，
这究竟是为了什么。

当我朗读那古老的故事，
不希望有人低声附和。
不愿有人教我，
哪个词该重读，
甚至如何强调。

动画电影激不起我的兴趣，
游乐场也不是我心之所向。
生病的孩子打乱了我的节奏，
让我心生烦躁。
只要我短暂离开，
就有人立刻寻找我的踪迹。

妈妈这个词，
在某些日子里，
被呼唤了无数次，
直至我疲惫不愿再听。

我是妈妈。

我深爱着我的孩子们。
我擅长给予温暖的拥抱，
讲述那些充满幻想的故事。
我喜欢展示新事物。
有能力为他们撑起一片天，
看他们茁壮成长。

我是一位妈妈，
是当前我能给出的最佳版本。
我与孩子们一起成长，
肩负着生活的重任，
心中满怀爱意。
而这，
不就是生活的真谛吗？

无论角色和身份，我们都将成为独立而自由的女性

长久以来，女性一直被教导不去倾听自己内心的愿望和需求，并以此来行事。我们的社会化过程往往是为了满足他人的需求，无论是来自丈夫、孩子、父母、同事还是朋友。我们被教导要退后一步，服务于他人，而不是追求个人的目标和梦想。然而，时代已经变迁，女性获得力量与独立变得至关重要。为此，关注并处理自己的需求和价值观显得尤为重要。通过这样的实践，我们从内在到外在都得到了加强，并得以成为真正自由的女性。

举个例子：作为女性，你可能同时扮演着妻子、母亲、女儿、同事和儿媳等多重角色。这些角色都在一定程度上定义了你，并带来了相应的责任和任务。但更重要的是，你不仅仅是这些角色的总和。你就是你，一个独一无二的存在。本质并不是由你的角色和任务所定义。在这些身份之外，你是一个由自己定义的女性，而不是他人眼中的形象。通过感知和尊重自己的愿望与需求，通过了解自己的价值观并据此采取行动，都是由你来定义自己的身份。

最后的感想

“还不够好！”

我很熟悉这种想法。每个女人都曾有过的念头。

作为母亲、妻子和女儿这些角色，我还不够好。作为母亲、妻子和女儿，我所做的还不够好；作为同事、邻居和闺密，我还不够好。因为其他女性看起来比我更容易做到，所以我不够好。她们做得更多，更有创造力，更会做饭，更能运动，笑得也更迷人。“我做得还不够好”，这种信念让我们在日常生活中举步维艰。

“比较”是你“还不够好”的根源

在电视屏幕上，那些女性优雅地向我们挥手，仿佛她们能够毫不费力地驾驭生活的方方面面：家庭的和睦、工作的成功、婚姻的美满、社交的活跃，以及个人需要的满足。然而说实话，这样的女性仅是凤毛麟角。对于我们这些旁观者而言，其他人的生活似乎总是更为多彩、更为快乐，她们的身材更加苗条迷人。然而，我们不知道那背后不为人知的艰辛。我们不清楚她们为了这些光鲜所付出的汗水与努力，不清楚她们必须做出的种种抉择，不清楚她们为此放弃了哪些人或事。我们无从知晓她们如何看待自己的人生故事，也不了解她们内心深处的恐惧和疑虑。这一切，我们都一无所知。我们自以为了解的，仅仅是自己所看到的一角。即便如此，在这个充斥着虚假与掩饰的时代，我们也应保持一份审慎与警惕。许多人热衷于展示自己光鲜亮丽的一面，却往往将那些不如意掩藏在背后。他们避免谈论那些困难的处境，也不展示那些受伤的时刻。

在这个时代，总是以成功作为衡量一切事情的标准。无论做什么，我们都必须设定一个目标。最好同时设定两个或三个目标，并力求在年底前达成最佳成果。为此，我们常常寻找榜样以汲取动力。然而，这正是整个灾难的开端——开始不自觉地与他人进行比较，左顾右盼。频繁地浏览社交媒体，观看各种视频，甚至不停地换台看电视节目。是的，获取信息固然有益，从其他男女的生活故事中寻找激励也无可非意。但是，我们必须警惕，当激励演变为攀比时，问题便随之而来。因为在比较中，总会有人表现不佳，而那个失落者，往往就是自己。

当我们陷入比较的旋涡时，并不追求双方共同的赢得，而是执着于分辨谁更胜一筹。我们关注的是那个人拥有什么、能做什么，而我们没有。这种比较，正是“我还不够好”的根源。于是，逼迫自己做得更多：工作要更努力，运动要更拼命，烹饪要更精湛，一切都要更多、更多。

这个循环像是一个旋转的螺旋，但遗憾的是，它在带我们向下沉沦，而不是向上攀升。接着，我们必须与自我怀疑抗争。我们感到沮丧和愤怒，因为在别人家，一切似乎都更有效率。别的女人似乎无所不能。我们开始自责，觉得自己愚蠢，觉得自己不够努力。为了逃避这种痛苦，我们用食物、酒精和购物来麻痹自己。我们忍受着失眠、疲惫和无精打采带来的痛苦。当这些痛苦变得无法承受时，我们便将其转向外界。我们对孩子不耐烦，对丈夫更加恼怒。我们对老板表现出冷漠，对朋友显得乏味。这是一个恶性循环的开始。我们越陷越深，难以自拔。比较，往往成为终结的起点。

停止自我比较

你始终有选择。你可以决定自己是否想要追求快乐。每一天都是一个新的开始。但如果不想快乐，那就尽情去比较吧。最好是与所有看似拥有那些你所缺失的人相比。想象着她们轻松获得一切，仅仅因为好运的眷顾。想象着她们找到了贴心的丈夫，身处舒适的环境，还有位不惹麻烦的婆婆。然后，再给自己加上一句“我不够好”，瞬间你感觉自己像是一朵被遗弃在路边、可怜兮兮、不起眼的无名小花。

或者，你更想要快乐？那就选择快乐吧。审视一下自己，关注你已经取得的成就，看看那些能给你带来快乐的事物。别再左顾右盼了，因为你是无与伦比的存在。你的独特性体现在你的所作所为、所思所想、所感所悟中。尽管生活中充满了忧虑和恐惧，但它们都是成长与进步不可缺失的一部分。而最重要的是，你已经足够好了。只要你在那里，就足够了。你每天都在尽力而为，全力以赴。你从不放弃，总在寻找解决问题的办法，而且也能找到。的确，并不是每天都会下着彩虹雨。但说实话，这真的重要吗？还是说，到头来重要的只是我们一直在竭尽全力？我们是否也经历过没有那么多彩虹的日子，并成功地走出了困境？说到底，难道旅行的过程不比终点更加重要吗？

后记

我到达了吗？

长久以来，我一直渴望回归自己，回归内心。做自己就足够了，不需要为外界他物或者他人而奔波。我希望能立刻马上开启这段旅程，最好永远坚持下去。

这项宏伟的愿望，是在我 30 岁那年许下的。如今，12 年过去了，我却仍未完成。这让我在某些日子里感到恼火，因为我总喜欢把事情做得圆满。

然而——这是一种古老的智慧（我深爱着它）——这个目标其实永远无法实现，因为并不存在一个固定的终点，只有通往终点的道路。

那么，该如何踏上这条道路，追寻内心的自我呢？

我尝试过许多方法，不断努力，追求更高的效率和自律。在人际交往中，我也致力于提升自己，变得更为开放和善于沟通。

我一直在深入挖掘自我，尝试过家庭排列、家族图谱分析，甚至是卡牌解读等多种方式。尽管这些方法都有其价值，但并未彻底治愈内心。

直到我开始深入审视自己的思维模式和角色图式，对比理想与现实之间的差距，才开始有了真正的突破。我学会了接纳并感知自己的感受（不仅仅是那些热烈的感受)。正是在这样的过程中，我才逐渐褪去了身上那层伪装，才离我追求的本质核心更近了一步。

那么，我现在已经抵达了吗?

还远远没到达。不过这一路走来，脑海变得更加平静了。如今，我能更频繁地观察自己的想法，更清晰地意识到自己的感受，甚至能对自己发自内心地微笑。当谈到有关意义的话题时，我猜想这就是它背后的安排。积攒如此多的经历和体验，或许只是为了让我们更深入地了解自己，体验生命的多姿多彩。

我衷心祝愿你在探寻自我与生命的旅途中一帆风顺，愿你能由内而外散发出满足和喜悦。

书末的致谢，总是有点棘手，因为我永远不知道我是否遗漏了某个重要的人。

我满怀爱意，感谢我先生。在我撰写这本书的过程中，他经常承担起做饭和照顾孩子的重任。

我满怀爱意，感谢我的孩子们。正是因为有了他们，我才真正理解了作为妈妈的角色内涵。你们每天既是我面临的挑战，也是我灵感的源泉。

我衷心感激我的妹妹。我至今仍然惊叹于你如何从我的简短描述中，创作出如此精美的中文版封面设计。

非常感谢我的编辑。没有她的宝贵意见，就没有今天的这本书。

非常感谢你，我亲爱的读者。感谢你愿意让我陪伴你们，走过这么一段美好的旅程。

献上诚挚的爱意和温暖的问候。

雅娜·鲁道夫

致谢

最后，我要向莉迪亚（译者李兴的英文名）表达由衷的感谢。

自相识以来，我们相互学习，不断激励彼此。共同举办的沙龙研讨既充满乐趣，又极具启发性。

尤其难忘的是那些有关跨文化的交流，特别是女性角色的深入探讨。

如今，我的书即将推出中文版，这对我来说意义非凡。可以想见，这背后蕴含着艰巨的翻译以及各种协调工作。

莉迪亚勇敢地承担起了这项重任，实在令人钦佩。

因为，这不仅仅是一本书的问世，更是莉迪亚与我之间深度联结的见证。对于这份珍贵的情谊，我深表感谢。